国家级药学实验教学(示范)中心实验系列教材

制药工艺学实验教程

邹　祥　主编

李　琼　刘艳飞　刘雪梅　副主编

科学出版社

北　京

内容简介

制药工艺学实验是制药工程专业教学实践的重要环节，本书主要包括基本操作与实验技术、生物制药工艺学实验和化学制药工艺学实验三个部分。全书的编排体现了从工艺单元、工艺优化及路线设计的系统工艺学实验体系，同时将工艺过程分析技术（PAT）的原理应用于实验工艺过程分析，在大部分实验章节中安排了工艺控制点分析，突出了工艺过程控制的基本思想，有助于学生完整、系统地掌握制药工艺学的专业知识，提高实践能力。

本书可作为制药工程、生物制药、生物工程、药学等专业本科生的实验教材，也可供相关的实验、科研人员参考。

图书在版编目(CIP)数据

制药工艺学实验教程 / 邹祥主编. —北京：科学出版社，2015.6（2021.12 重印）

国家级药学实验教学（示范）中心实验系列教材

ISBN 978-7-03-045108-8

Ⅰ.①制… Ⅱ.①邹… Ⅲ.①制药工业-工艺学-实验-教材 Ⅳ.①TQ460.1-33

中国版本图书馆 CIP 数据核字（2015）第 132944 号

责任编辑：杨 岭 华宗琪 / 责任校对：华宗琪
责任印制：罗 科 / 封面设计：墨创文化

科学出版社出版
北京东黄城根北街16号
邮政编码：100717
http://www.sciencep.com

成都锦瑞印刷有限责任公司印刷
科学出版社发行 各地新华书店经销

*

2015 年 6 月第 一 版 开本：787×1092 1/16
2021 年 12 月第四次印刷 印张：8 1/4
字数：190 000

定价：26.00 元

西南大学 国家级药学实验教学（示范）中心
国家级药学虚拟仿真实验教学中心

实验系列教材编委会

《制药工艺学实验教程》编委会

主　编　邹　祥
副主编　李　琼　刘艳飞　刘雪梅
编　委　邹　祥　李　琼　刘艳飞　刘雪梅
谌　颉　李再新　刘凤华　彭东明

总　序

创新是以新思维、新发明和新描述为特征的一种概念化过程，创新是一个民族发展的灵魂，是一个民族进步的不竭动力，提高自主创新能力，建设创新型国家，是国家发展战略的核心，是提高综合国力的关键，创新更是引领发展的第一动力。因此，培养大学生创新能力是21世纪高等教育适应经济社会发展需要，是提高人才培养质量的必然要求，但这也是目前高校人才培养中普遍存在的薄弱环节。实验教学是理论教学的一种延续，既能让学生对课堂上所学知识进行消化和吸收，又能有效地训练学生的实验技能，培养学生的观察能力、实践能力、创新能力、创新精神和科学素养。因此，实验教学作为教学活动的有机组成部分，是培养高素质创新型人才的重要教学环节，其地位无可替代。实验教材则是体现实验内容、教学方法和人才培养思想的载体，是培养高素质创新型人才的重要保证。因此，强化以培养创新能力为目标的实验教材建设，对改革实验教学体系、提高实验教学质量、实现人才培养目标具有重大的作用。

为了加强大学生实践能力和创新能力的培养，西南大学国家级药学实验教学(示范)中心在教学实践中坚持“以学生为本，将知识传授、能力培养和素质提高贯穿于实验教学始终”的指导思想，秉持“实践创新，能力至上”的实验教学理念，按照“能力培养，虚实结合、从基础到专业，从认知训练到创新应用，从学校到社会”的原则建立和完善实验教学体系。中心结合多年开展实践教学的有益经验和实验教学体系，组织长期从事本科实践教学的教师编写本套实验教材，旨在与国内药学领域的专家和兄弟院校交流，分享中心取得的点滴经验和成果，也为药学类专业的实践教学和人才培养提供实践教学指导。为了进一步促进大学生实践创新能力的培养，我们推出了本套药学创新实验系列教材。教材按照实验的基本要求、验证性实验、综合性实验、设计性实验和虚拟仿真实验等层次进行编写。

西南大学国家级药学实验教学(示范)中心(http://etcp.swu.edu.cn/)由真实实验教学和虚拟仿真实验教学组成，是西南大学开展药学类专业及相关专业人才培养、科研服务和文化传承的核心平台之一，她承担着西南大学药学类及相关专业的实验教学及研究任务，并面向社会开放，承担着全国高校、院所和企业的实验技能培训、大学生夏令营和冬令营的实验教学工作。中心自2003年开始建设以来，不断整合校内药学类相关实验教学资源进行建设，于2007年成为西南大学校级药学实验教学示范中心，2009年成为重庆市市级药学实验教学示范中心，2012年经教育部批准为“十二五”国家级药学实验教学(示范)中心。作为实验教学的一个重要补充，西南大学国家级药学虚拟仿真实验教学中心(http://yxxf.swu.edu.cn/)于2014年被教育部批准为全国首批100个虚拟仿真实验教学中心之一，也是全国首批3个药学/中药学虚拟仿真实验教学中心之一。

西南大学实验教学的发展得到了国内外各兄弟院校和同仁的支持与帮助，在此向他们表达诚挚的谢意。同时，也希望在各方的支持与帮助下，中心的实践教学得到更好的发展。

药学创新实验教材编委会

2015 年 2 月于重庆北碚

前　言

我国高校制药工程专业自1999年在国内正式招生以来，得到快速发展，目前我国开设制药工程本科专业的高等院校已达260多所，在校本科生人数已超过6万人。

作为制药工程专业的主干课程，制药工艺学受到各高校的重视。在制药工程专业委员会公布的制药工程本科专业教学质量国家标准中，制药工艺学被列为专业核心课程。该课程重点介绍药物的生产工艺路线和过程原理以实现制药工业生产过程最优化，内容涉及合成药物、中药和生物药物的生产工艺技术以及药物生产工艺流程，并要求学生掌握上述药物的生产过程原理、工艺流程以及工艺流程的设计方法。为突出上述特点，本书的编写主要以生物药物和合成药物为主体，涵盖原理实验、工艺实验及路线设计型实验体系。

全书主要分为三部分，包括基本操作和实验技术、生物制药工艺学实验、化学制药工艺学实验。本书涵盖以下特色：

（1）工艺由浅入深的原则。本书首先介绍了制药工艺学实验所需的各种基本知识和基本操作技能，然后将工艺学实验分为基本工艺单元原理实验、具体产品的工艺路线实验和产品工艺路线设计实验三个层次进行介绍，这体现了工艺学实验由浅入深、循序渐进的教学过程。

（2）体现工艺过程分析的思想。工艺过程分析技术（PAT）目前已被越来越多的制药企业用于产业升级、提升产品质量和降低生产成本，而实现生产工艺过程的在线监测与可控化是PAT技术的基础。因此，本书在大部分实验中增加了工艺控制点的内容，以加强学生对工艺过程控制思想的培养和理解。

（3）实验的深度和可操作性。制药工艺学教学目标是期望学生最终能掌握工艺流程的设计方法，因此在实验内容的安排上注重品种和工艺路线的多样性，在设计型实验部分给予学生更多的工艺设计空间。同时，本书大多数实验来源于参编教师的教学实践和最新的科研成果，力求具有可操作性。

本书参编人员均是从事制药工艺学科研和教学一线的骨干教师，分别为西南大学邹祥、李琼和刘雪梅，中南大学刘艳飞，佳木斯大学刘凤华，武汉工程大学谌颉及湖南中医药大学彭东明，其中邹祥为主编，李琼、刘艳飞和刘雪梅为副主编。本书在编写过程中引用了一些参考文献，在此谨向文献的著作权者表示诚挚的感谢。

由于编者水平有限，书中难免有不当之处，敬请读者提出宝贵意见。

编　者
2015年5月

目　　录

第 1 章　基本操作和实验技术

第一节　绪　论

一、化学试剂的种类和分级

化学试剂的种类很多，世界各国对化学试剂的分类和分级的标准不尽一致。IUPAC对化学标准物质的分类为：

(1)A 级：原子量标准。

(2)B 级：和 A 级最接近的基准物质。

(3)C 级：含量为 100%±0.02%的标准试剂。

(4)D 级：含量为 100%±0.05%的标准试剂。

(5)E 级：以 C 级或 D 级为标准对比测定得到的纯度的试剂。

化学试剂按用途可分为标准试剂、一般试剂和生化试剂等。我国习惯将相当于 IUPAC 的 C 级和 D 级试剂称为标准试剂。优级纯、分析纯和化学纯是一般试剂的中文名称，所对应级别和用途为：

(1)一级：即优级纯(GR)；标签为深绿色，用于精密分析试验。

(2)二级：即分析纯(AR)；标签为金光红，用于一般分析试验。

(3)三级：即化学纯(CP)；标签为中蓝，用于一般化学试验。

二、常用有机溶媒的回收方法

(一)甲醇

(1)回收方法：将甲醇用分馏柱分馏，收集 64℃的馏分，再用镁脱水，可制得纯度达 99.9%及以上的甲醇。

(2)注意事项：甲醇有毒，处理时应防止吸入蒸气。甲醇不能用生石灰脱水，因氧化钙能吸附 20%甲醇。

(二)乙醇

回收方法：用氧化钙脱水再蒸馏收集相应馏分。具体操作为：在 100mL 95%的乙醇中，加入 20g 新鲜的块状生石灰，回流 3~5h，脱水后分级蒸馏，收集 76~81℃的馏分并置入圆底烧瓶中，加入两倍量的氧化钙再蒸馏收集 76~78℃的馏分，可制得纯度达 90.5%及以上的乙醇。

（三）乙酸乙酯

回收方法：于1000mL乙酸乙酯中分别加入100mL乙酸酐和10滴浓硫酸，加热回流4h，除去乙醇和水等杂质，然后进行蒸馏。蒸馏液中加入20～30g无水碳酸钾并振荡，再次蒸馏收集乙酸乙酯馏分，可制得纯度达99%以上的乙酸乙酯。

（四）乙醚

1. 过氧化物及氧化醛酸的去除

在干净试管中分别加入2～3滴浓硫酸、1mL 2%碘化钾溶液(若碘化钾溶液已被空气氧化，可用稀亚硫酸钠溶液滴定到黄色消失)和1～2滴淀粉溶液，混合均匀后加入乙醚。若出现蓝色即表示有过氧化物及氧化醛酸存在，可在分液漏斗中反复萃取直至蓝色消失。

2. 醇与水的去除

在乙醚中加入10g高锰酸钾粉末和少量氢氧化钠，放置数小时后，若氢氧化钠表面有棕色的树脂生成，则重复此操作直至氢氧化钠表面不产生棕色物为止。然后将脱醇后的乙醚倒入另一干净玻璃容器中，加入无水氯化钙脱水，蒸馏即得无水乙醚。如需绝对无水，将金属钠压成钠丝加入，可在木塞中插一末端拉成毛细管的玻璃管，这样既可防止潮气浸入，又可使产生的气体逸出。乙醚放置至无气泡产生时即可使用。若放置后钠丝表面已变黄变粗，则需再次蒸馏，然后再压入钠丝。

（五）石油醚

回收方法：将石油醚用等体积的浓硫酸洗涤2～3次后，再用10%硫酸加入高锰酸钾配成的饱和溶液反复洗涤，直至水层中的紫色不再消失为止。然后用水洗涤，经无水氯化钙干燥后蒸馏。若需绝对干燥的石油醚，可加入钠丝(与纯化无水乙醚相同)。

（六）丙酮

(1)回收方法：于250mL丙酮中加入2.5g高锰酸钾回流，若溶液中的紫色很快消失，再加入少量高锰酸钾继续回流至紫色不褪为止。然后将丙酮蒸出，用无水碳酸钾或无水硫酸钙干燥，过滤后蒸馏，收集55～56.5℃的馏分。

(2)注意事项：丙酮不宜用金属钠和五氧化二磷脱水。

（七）二氯甲烷

回收方法：用5%碳酸钠溶液洗涤后再水洗，后用无水氯化钙干燥，再蒸馏收集40～41℃的馏分，保存在棕色瓶中。

（八）氯仿

(1)回收方法：将氯仿与少量浓硫酸混合并置于分液漏斗中振摇2～3次(每200mL氯仿用10mL浓硫酸)，静置分层，分去酸层后用水洗涤氯仿，干燥，再蒸馏。

(2)注意事项：氯仿在日光下易氧化成氯气、氯化氢和光气(剧毒)，故氯仿回收后应贮于棕色瓶中。

(九)苯

回收方法：将苯装入分液漏斗中，加入约为其1/7体积的浓硫酸，振摇使噻吩磺化。静置分层，分去酸层后再加入新的浓硫酸，重复操作至酸层呈无色或淡黄色并检验无噻吩为止。将上述无噻吩的苯依次用10%碳酸钠溶液和水洗涤至中性，再用无水氯化钙干燥后进行蒸馏，收集80℃的馏分，最后用金属钠脱去微量的水得到无水苯。

(十)四氢呋喃

(1)回收方法：用氢化铝锂在隔绝空气条件下回流(通常1000mL四氢呋喃约需2～4g氢化铝锂)，除去其中的水和过氧化物，然后蒸馏，收集66℃的馏分(蒸馏时不要蒸干，将剩余的少量残液倒出)。

(2)注意事项：精制后的液体应加入钠丝并保存在氮气气氛中。

(十一)二甲基亚砜(DMSO)

(1)回收方法：经氧化钙、氢化钙、氧化钡或无水硫酸钡进行干燥，然后减压蒸馏。也可用部分结晶的方法纯化。

(2)注意事项：二甲基亚砜不能与氢化钠、高碘酸或高氯酸镁等物质混合，易发生爆炸。

(十二)二甲基甲酰胺(DMF)

(1)回收方法：加入约为其1/10体积的苯，在常压及80℃以下蒸去二甲基甲酰胺中的水和苯，然后再用无水硫酸镁或氧化钡干燥，最后进行减压蒸馏。

(2)注意事项：纯化后的二甲基甲酰胺要避光贮存。

(十三)吡啶

(1)回收方法：将吡啶与粒状氢氧化钾(或氢氧化钠)一同回流，然后隔绝潮气蒸出备用。

(2)注意事项：干燥的吡啶吸水性很强，保存时应将容器口用石蜡封好。

三、实验记录及报告格式

(一)实验记录

实验记录是培养学生科学素养的重要途径，实验中要做到认真操作，对整个实验过程仔细观察并如实记录。记录内容除实验名称、日期、气温、气压和同组者等基本信息外，还包括所用物料的名称、数量、规格和浓度、实验开始时间、所用药品的用量和浓度，以及观察到的现象(如反应物颜色的变化，反应温度的变化，有无结晶，有无沉淀的产生或消失，是否放热及有无气体放出等）、产物的性状（如色泽、晶形等）和测得的各种数据（如熔点、沸点、折光率和重量等）。与预期不一致的现象应给予特别关注，因为这对正确解释实验结果将有很大帮助。以外，记录应简单明了，真实可靠，并且字迹清晰。

（二）实验报告

实验操作完成之后，必须对实验进行总结，即讨论观察到的实验现象，分析出现的问题及整理归纳实验数据等。这是把各种实验现象提高到理性认识的必要步骤，因此必须如实、准确、认真地填写。在实验报告中还应完成指定的思考题或提出改进本实验的建议等[1]。

正确书写实验报告是实验教学的主要内容之一，也是实验基本技能训练的需要。完成实验报告的过程，不仅仅是学习能力、书写能力、灵活运用知识能力的提升过程，也是培养基础科研能力的过程。实验报告的书写因实验类型不同而有所差异，但大体应遵循一定的格式。常见的实验报告可分为基本操作实验报告、物质性质实验报告、定量测定实验报告及物质制备实验报告，这四类实验报告的一般书写格式如图 1-1～图 1-4 所示。

实验名称：________________

1. 实验目的
2. 实验原理
3. 仪器和装置图
4. 主要试剂用量及规格
5. 操作步骤及现象
6. 结果与讨论
7. 思考题解答

图 1-1　基本操作实验报告一般书写格式

实验名称：________________

1. 实验目的
2. 实验原理
3. 项目、现象和解释

项目	样品	试剂	现象	反应式或解释

4. 结果与讨论
5. 思考题解答

图 1-2　物质性质实验报告一般书写格式

实验名称：____________

1. 实验目的
2. 实验原理
3. 实验内容
4. 数据记录、处理与结果(可用数据列表、作图等方式)

编号	
1	
2	
3	

实验平均值：

5. 误差与讨论
6. 思考题解答

图 1-3　定量测定实验报告一般书写格式

实验名称：____________

1. 实验目的
2. 实验原理
3. 主要试剂与产物的物理性质
4. 主要试剂用量及规格
5. 仪器装置
6. 实验步骤及现象
7. 产率计算

产物的颜色形态：

称重：产物重____g

产率：$\frac{实际产量}{理论产量}\times 100\%$

8. 结果与讨论
9. 思考题解答

图 1-4　物质制备实验报告一般书写格式

四、实验文献检索与辅助软件

(一)实验室需要常备的工具书[2]

1.《CRC 有机化合物数据手册》

该手册由 R. C. Weast 和 M. J. Astle 主编，手册中绝大部分为有机化合物物性表，有近 14000 个有机化合物的基本物性，并对每个化合物提供了相对分子质量、沸点、熔点、常温折射率和常温密度等常见数据。

2. *Lange's Handbook of Chemistry*

该书最早由 McGraw-Hill Company 于 1934 年出版，涵盖了包括数学、综合数据和换算表、原子和分子结构、无机化学、分析化学、电化学、光谱学和热力学性质等共 11 章的内容，并详细介绍了各学科的重要理论和公式。

3.《分子克隆实验指南》

该书由 Joe Sambrook 主编，诞生于冷泉港实验室出版社，在近二十年的时间里一直被作为分子生物学实验的经典参考书。2012 年出版的第四版修订版中，除了突出现有的核酸制备和克隆、基因转移及表达分析的策略和方法，还展示了应该如何制备、评估和操作 DNA、RNA 和蛋白质，以及如何研究细胞组分之间的相互作用等实验方法。

4. SciFinder

化学文摘是化学和生命科学研究领域中不可或缺的参考和研究工具，也是资料量最大、最具权威的出版物之一。网络版化学文摘(SciFinder Scholar)更是整合了 Medline 医学数据库、欧美等六十多家专利机构的全文专利资料以及化学文摘 1907 年至今的所有内容，涵盖的学科包括应用化学、化学工程、普通化学、物理、生物学、生命科学、医学、聚合体学、材料学和农学等诸多领域。SciFinder Scholar 拥有多种先进的检索方式，例如，化学结构式(其中的亚结构模组，对科研工作极具帮助)和化学反应式检索等，同时还可以通过 Chemport 链接到全文资料库以及进行引文链接。美国化学文摘社在 SciFinder Client 版的基础上推出了功能更强大、服务更完善的 SciFinder Web 版，特色功能有：通过物性检索物质，物质的靶点和生物活性查询，反应过程的获取及相似反应检索等。

(二)实验室常用的辅助软件[3]

实验室常用的辅助软件主要有化学结构式(包括化学反应方程式、化工流程图和实验装置流程图等)和生物信息学(引物设计、基因序列比对和蛋白质结构分析等)软件，其中具有代表性的软件有 AutoCAD、ChemDraw、ISIS/Draw、ChemSketch 和 Uniprot 等。数据处理方面常用的软件有 Origin、Igor 和 SigmaPlot 等，可根据需要对实验数据进行数学处理、统计分析、线性或非线性拟合和绘制二维及三维图形等。

五、实验室仪器设备的使用

制药工程实验仪器设备通常涉及高压、蒸汽、动力电源等，如反应釜、蒸汽发生器、发酵罐等，因此一定要在管理人员的指导下使用。仪器设备的使用人在实验前应经过相关培训，并检查仪器是否在校准/检定有效期内，否则不得使用；使用时要完全按照操作规范进行操作；使用后要填写仪器使用记录，记录仪器的工作说明、使用时间、使用人员和仪器使用状态等。大型精密仪器(如高效液相色谱仪、气相色谱仪和红外分光光度计等)由专人管理并使用，无关人员严禁动用。

第二节　基本操作

一、制药常用的分离纯化技术

(一)萃取

萃取是实验室和制药企业用来提取和纯化化合物的重要手段之一，常用的有液-液萃取和液-固萃取[4]。

1. 基本原理

萃取是利用某种物质在两种互不相溶(或微溶)的溶剂中溶解度或分配系数的差异，使这种物质从一种溶剂内转移到另一种溶剂中的方法。经过反复多次萃取后，就可将绝大部分的此物质提取出来。

能斯脱分配定律(Nernst's Partition Law)是萃取方法的主要理论依据。该定律表明，各物质对不同的溶剂有着不同的溶解度。同时，在两种互不相溶的溶剂中加入某种可溶物质，该物质能分别溶解于两种溶剂中，实验证明在一定温度下，如果该物质与这两种溶剂不发生分解、电解、缔合和溶剂化等作用，那么该物质在两液层中浓度之比是一个定值，即不论所加物质的量是多少，该比值不变。用公式表示为

$$\frac{C_A}{C_B} = K \tag{1-1}$$

其中，C_A，C_B分别表示该物质在两种互不相溶的溶剂中的质量浓度；K 是一个常数，称为“分配系数”。同另一溶剂相比，如果该物质在萃取溶剂中非常易溶，即分配系数值和 1 相距很大，那么该物质的提取就非常容易。

有机化合物在有机溶剂中一般比在水中的溶解度大，而用有机溶剂提取溶解于水的化合物是萃取的典型实例。萃取时可在水溶液中加入一定量的电解质(如氯化钠)，利用“盐析效应”降低有机物和萃取溶剂在水溶液中的溶解度以提高萃取效果。

如果想把所需的化合物从溶液中完全萃取出来，通常只萃取一次是不够的，必须反复多次萃取。利用分配定律的关系式，可以算出萃取后化合物的剩余量。计算方法如下：

设原溶液的体积为 V，萃取前化合物的总量为 m_0，萃取一次后化合物的剩余量为 m_1，萃取两次后化合物的剩余量为 m_2，萃取 n 次后化合物的剩余量为 m_n，萃取溶剂的体积为 V_e。

经过一次萃取，原溶液中化合物的质量浓度为 m_1/V；而萃取溶剂中该化合物的质量浓度为$(m_0-m_1)/V_e$；两者之比等于 K，即

$$\frac{m_1/V}{(m_0-m_1)/V_e} = K \tag{1-2}$$

整理后得

$$m_1 = m_0\frac{KV}{KV+V_e} \tag{1-3}$$

同理，经过二次萃取后，则有

$$\frac{m_2/V}{(m_1 - m_2)/V_e} = K \tag{1-4}$$

即

$$m_2 = m_1 \frac{KV}{KV + V_e} = m_0 \left(\frac{KV}{KV + V_e}\right)^2 \tag{1-5}$$

因此，经 n 次萃取后得

$$m_n = m_0 \left(\frac{KV}{KV + V_e}\right)^n \tag{1-6}$$

当用一定量溶剂萃取化合物时，希望该化合物在水中的剩余量越少越好，即 m_n 越小越好。式(1-6)中 $KV/(KV+V_e)$总是小于 1，所以 n 越大，m_n就越小，这表明把溶剂分成数份作多次萃取比将全部溶剂作一次萃取效果要好。值得注意的是，式(1-6)适用于和水几乎不互溶的溶剂，如苯、二氯甲烷和四氯化碳等，而与水有少量互溶的溶剂，如乙醚，式(1-6)只能定性地表示预期的结果。

例 1 100mL 水中溶有 4g 正丁酸，在 15℃时用 100mL 苯萃取该正丁酸溶液，设已知 15℃时正丁酸在水和苯中的分配系数 $K=1/3$。

用 100mL 苯一次萃取后，正丁酸在水中的剩余量为

$$m_1 = 4\text{g} \times \frac{1/3 \times 100\text{mL}}{1/3 \times 100\text{mL} + 100\text{mL}} = 1.0\text{g}$$

如果将 100mL 苯分为三次萃取，则剩余量为

$$m_3 = 4\text{g} \times \left[\frac{1/3 \times 100\text{mL}}{1/3 \times 100\text{mL} + 33.3\text{mL}}\right]^3 = 0.5\text{g}$$

从上面的计算可以看出，采用 100mL 苯一次萃取可提取出 3g 的正丁酸(萃取率为 75%)，而分三次萃取则可提取出 3.5g 的正丁酸(萃取率为 87.5%)，即采用相同体积的溶剂，分多次萃取比一次萃取的效果好。但当溶剂的总量不变时，随着萃取次数 n 增加，V_e 呈减小趋势。当 $n=5$ 时，$m_5=0.38$g；$n>5$ 时，n 和 V_e 这两个因素的影响就几乎互相抵消了，此时再增加 n，m_n/m_{n+1} 的变化很小，实际运算也可以证明这一点，所以一般采用相同体积溶剂分为 3～5 次萃取即可。以上结果也适用于从溶液中除去(或洗涤)溶解的杂质。

2. 液-液萃取

1)间歇多次萃取

实验室通常采用分液漏斗来进行液体中的萃取，如图 1-5 所示。萃取前用凡士林处理分液漏斗的活塞，并检查斗盖和活塞是否严密，以防在使用过程中发生泄漏而造成损失，此步一般可先用溶剂试验。

在萃取时，由分液漏斗的上口倒入液体与萃取剂，并旋紧斗盖，随后振摇分液漏斗使两液层充分接触。振摇的操作方法如图 1-6 所示：先将分液漏斗倾斜，使漏斗的上口略朝下，右手握住上口颈部，并用食指根部压紧斗盖以免松开，左手握住活塞。握紧活塞时既要防止振摇时活塞转动或脱落，又要便于后续能灵活的旋开活塞。振摇后漏斗仍保持倾斜状态，旋开活塞放出蒸气或产生的气体，使内外压力平衡。若分液漏斗中盛有

易挥发的溶剂(如乙醚、苯)或用碳酸钠溶液中和酸液，振摇后更要注意及时旋开活塞放出内部气体。

振摇数次以后，将分液漏斗放于铁圈上静置分层，如图 1-7 所示。待分液漏斗中的液体分为清晰的两层后，便可进行分离操作。分离液体时，先打开斗盖，再经活塞放出下层液体，由上口倒出上层液体。如果上层液体也经活塞放出，则会被漏斗基部所附着的残液污染。分离后将液体倒回分液漏斗中，添加新的萃取剂继续萃取。萃取次数取决于分配系数，一般为 3～5 次。将所有的萃取液合并，加入适当的干燥剂进行干燥，蒸去溶剂后即可提取到所需的化合物，之后可根据化合物性质确定纯化方法。

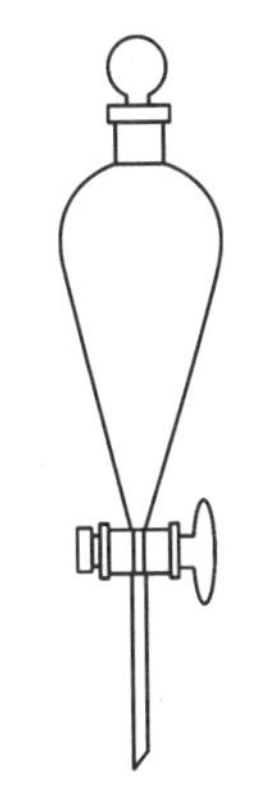

图 1-5　分液漏斗

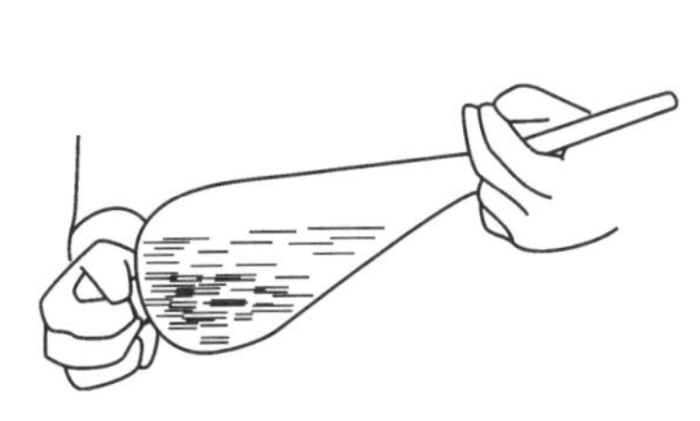

图 1-6　分液漏斗的振摇手法

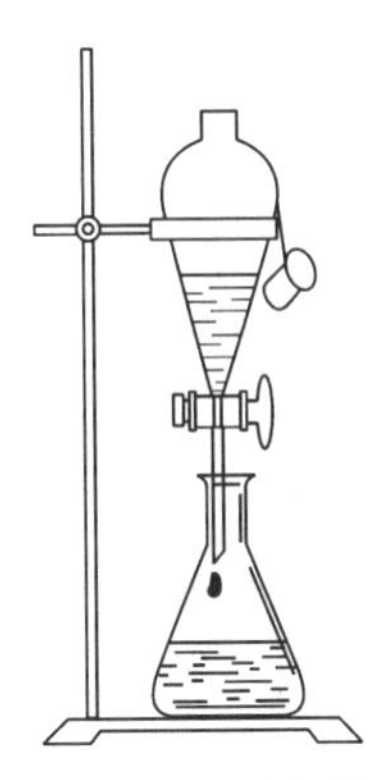

图 1-7　分液操作

萃取时必须注意避免以下几点：

(1)使用前不检查就直接使用分液漏斗。

(2)振摇时用手抱着漏斗。

(3)分离液体时，用手拿着漏斗而不置于铁圈上。

(4)上层液体也经活塞处放出。

(5)分离液体时，未打开斗盖就旋开活塞。

(6)液体分层还不完全就开始进行分液操作。

(7)分液时下层液体放得过快，导致分离不尽。

2)盐析

对于易溶于水而难溶于盐类水溶液的物质，向其水溶液中加入一定量的盐类，可降低该物质在水中的溶解度，这种作用称为盐析，即加盐析出。

通常用做盐析的盐类有：氯化钠、氯化钾、硫酸铵、氯化铵、硫酸钠和氯化钙等。

可盐析的物质有：有机酸盐、蛋白质、醇、酯和磺酸等。

萃取时也常用到盐析的过程，盐析不但可以增加提取效率，还能减少萃取剂的损失。例如，用乙醚提取水溶液中的苯胺，可向水溶液中加入一定量的硫酸钠，既能增高提取效率，又能减少乙醚溶于水的损失。

3)连续萃取

当某些物质在原溶液中比在萃取剂中更易溶解时，就必须使用大量溶剂进行多次萃取，这时采用间歇多次萃取的方法不但萃取效果差，而且操作繁琐，待提取物的损失也大。为了提高萃取效率，减少萃取剂用量和待提取物的损失，可采用连续萃取装置。

连续萃取装置能使溶剂在进行萃取后自动进入加热器，受热气化并冷凝变为液体再进行萃取，如此循环即可萃取出大部分物质。此法萃取效率高，萃取溶剂用量少，操作简单，损失较小，缺点是萃取时间长。连续萃取法既可用于实验室，也可用于药厂，使用时可根据所用萃取剂的相对密度小于或大于被萃取溶液相对密度的条件，采取不同的实验装置，例如，梯氏提取器及其他小型装置，其原理都相似。

3. 液－固萃取

从固体中萃取化合物多以浸出法来进行，即向装有固体物质的装置中加入溶剂，该溶剂选择性的溶解固体中的某一组分，从而达到提取和分离的目的。药厂中常用此法萃取，但效率不高，耗时长，溶剂用量大。实验室多采用索氏提取器(图 1-8)来提取物质，通过溶剂加热回流及虹吸现象，使固体每次均被纯的溶剂所萃取。此法的优点是效率高，节约溶剂，但不适宜受热易分解或变色的物质。此外，高沸点溶剂采用此法萃取也不合适。

使用索氏提取器时，为增加液－固接触面积，萃取前应先将固体物质研细，然后放于提取器内的滤纸筒内(滤纸筒要卷成圆柱状，直径略小于提取筒的内径，下端用线扎紧)轻轻压实，上盖一小圆滤纸。向烧瓶内加入溶剂，并在提取器上端装上冷凝器。加热后溶剂沸腾进行回流，随后冷凝成液体滴入提取器中，当液面超过虹吸管顶端时，蒸气通过蒸气导管上升后，萃取液自动流入加热烧瓶中，萃取出部分物质。溶剂继续回流，如此循环，直到固体中的萃取物大部分被萃取出为止。最终萃取物富集于烧瓶中，然后可用适当方法将其从溶液中分离出来。实验室中也有采用恒压滴液漏斗代替索氏提取器进行提取分离的，如图 1-9 所示。

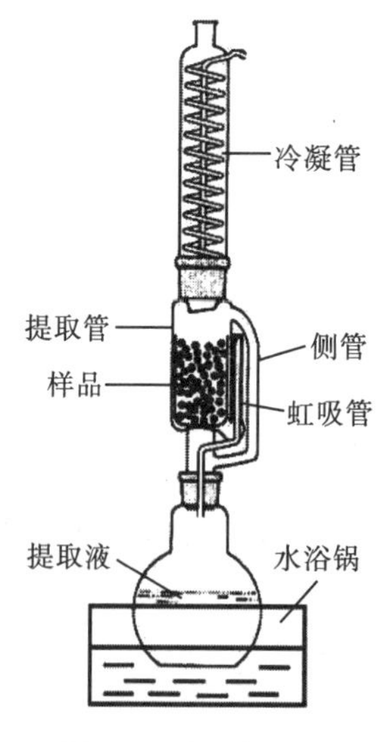

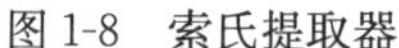

图 1-8　索氏提取器

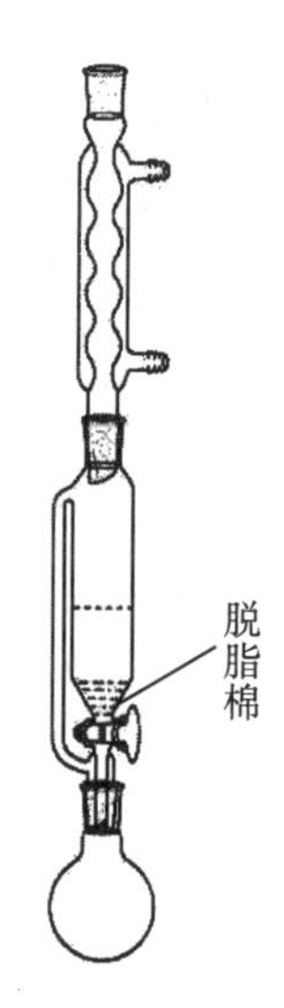

图 1-9　恒压滴液漏斗代替索氏提取器

(二)蒸馏

蒸馏就是利用液体混合物中各组分沸点不同，使低沸点组分蒸发，再冷凝为液体，达到分离整个组分的目的。产生的蒸气在冷凝管中冷凝下来即作为馏出物。通过蒸馏可以使混合物中各组分得到部分或全部分离。蒸馏是纯化和分离液体物质的重要方法，但各组分的沸点必须相差较大(一般在 30℃及以上)才能得到较好的分离效果。溶剂的回收和常量法沸点的测定都是采用蒸馏法来完成的。

1. 基本原理

由于分子运动，液体的分子有从表面逸出的倾向，而这种倾向随温度的升高而增大。实验证明，液体的蒸气压与温度有关，即液体在一定温度下具有一定的蒸气压，该值与体系中存在的液体量及蒸气量无关。

液体加热后，其蒸气压随温度升高而增大，当液体的蒸气压增大至与外界液面的总压力(通常是大气压力)相等时，开始有气泡不断地从液体内部逸出，即液体沸腾，此时的温度称为液体的沸点。显然，液体的沸点与外界压力的大小有关，而通常所说的沸点，是指在 101.3kPa(760mmHg)压力下液体沸腾时的温度。在说明液体沸点时应注明压力，例如，在 12.3kPa(92.5mmHg)时，水在 50℃沸腾，这时水的沸点可表示为 50℃/12.3kPa。

纯的液体有机化合物在一定的压力下具有一定的沸点，但具有固定沸点的液体有机化合物不一定都是纯的有机化合物，因为某些有机化合物常常和其他组分形成二元或三元共沸混合物。

2. 蒸馏操作

1)蒸馏装置的选择和安装

蒸馏时根据所蒸馏液体的容量、沸点来选择合适的蒸馏瓶、温度计、冷凝器及适当的热源等。如果蒸馏的液体沸点在 130℃及以下时，可选用冷水直形冷凝器，并且对易挥发、易燃液体，冷却水的流速可快一些；沸点在 100～130℃时，为防止仪器破裂应缓慢通水；如果蒸馏的液体沸点在 150℃及以上时必须选用空气冷凝器。常见的蒸馏装置如图 1-10 所示。

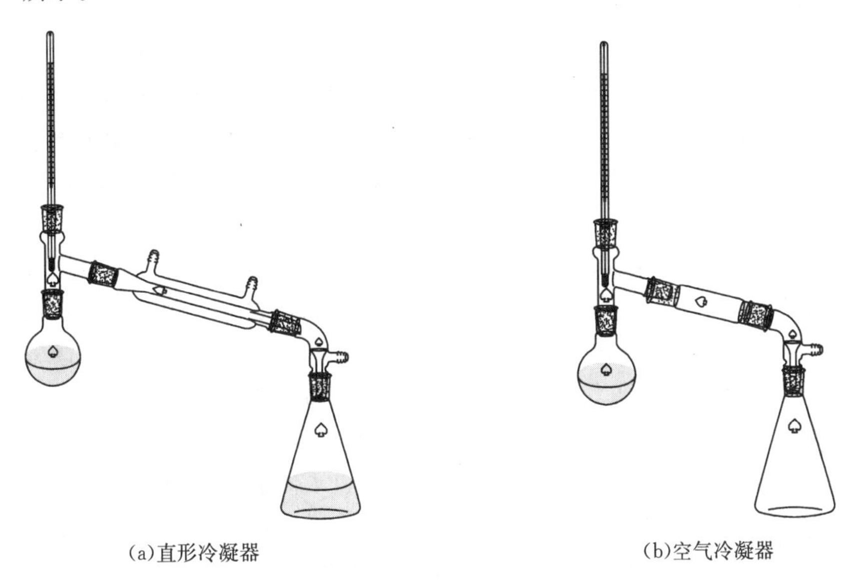

(a)直形冷凝器　　(b)空气冷凝器

图 1-10　常见的蒸馏装置

安装蒸馏装置时要注意以下几点：

(1)插入温度计时，应使水银球的上端与蒸馏瓶支管口的下侧相平，且温度计必须插在塞子的正中，不能与蒸馏瓶内壁接触。

(2)蒸馏瓶的侧管应插入冷凝器内 4～5cm。

(3)直形冷凝器的冷水应在加热前通入，且应该由下口(朝下)通入，上口(朝上)流出。

(4)无论蒸馏任何液体，在加热前都需加入少量沸石以助气化及防止暴沸，但注意蒸馏过程中严禁加入。如果中途需要补加，必须等到液体降温后。对于中途停止蒸馏的液体，在继续蒸馏前应补加新的止暴剂。

(5)整个蒸馏装置不能密闭，避免由于加热或产生气体使瓶内压力增大而发生爆炸。冷凝器或连接管与接收瓶之间一般不加塞子，但若蒸馏液易燃(如蒸乙醚)则需使用，并应在连接管的侧管上接一橡皮管通入水槽或引到室外；若蒸馏液易吸水，则应在接收瓶或连接管的侧管上装一干燥管与大气相通，以防止馏出物吸收水分；若馏出物沸点较低，还应在接收瓶外设置冰水浴进行冷却。

2)加料

认真检查安装好后的仪器，然后通过玻璃棒或玻璃漏斗将待蒸馏液体倒入蒸馏瓶中(以免流入侧管中)，加入止暴剂，塞好带温度计的塞子，最后再一次检查仪器各部位连接处以确保不是封闭体系。

3)加热

先接通冷却水，引入水槽并安装好热源，再开始加热。随着温度升高，蒸馏瓶中液体逐渐沸腾，此时蒸气上升，温度计的读数略有上升；当蒸气到达温度计水银球部位时，温度计读数急剧上升，此时应调节加热温度，使加热速度略微下降，让蒸气停留在原处，使蒸馏瓶瓶颈和温度计受热。在温度计的水银球上形成液滴后，再升高温度进行蒸馏。控制加热以调节蒸馏速度，通常以每秒蒸馏 1～2 滴液体为宜。蒸馏过程中，温度计水银球上常有液滴，此时的温度即为液体与蒸气达到平衡时的温度，温度计的读数就是馏出物的沸点。蒸馏时加热温度不能太高，否则会在蒸馏瓶的颈部造成过热现象，使部分液体的蒸气直接被加热，这样会令温度计的读数偏高；另一方面加热温度也不能太低，否则蒸气达不到支管口处，温度计的水银球不能被蒸气充分浸润而使读数偏低。

4)收集馏液

在达到馏出物的沸点之前，常有沸点较低的液体先被蒸出，这部分蒸馏液称为“前馏液”或“馏头”。等前馏液蒸完，温度趋于稳定后，馏出的就是待收集的馏出物，这时应更换接收瓶并记下开始馏出时的温度和最后一滴馏出时的温度，即为该馏分的沸点范围(沸程)。液体的沸点范围可代表其纯度，纯的液体沸点范围一般不超过 1～2℃。当蒸完一个组分后，若维持原来的温度就不会再有馏液蒸出，此时温度会突然下降，遇到这种情况，应停止蒸馏。另外，即使杂质含量较少，也不能蒸干溶液，以防止由于温度升高，导致被蒸馏物分解而影响产品纯度或发生其他意外事故。特别是蒸馏硝基化合物及含有过氧化物的溶剂时，切忌蒸干，以防爆炸。蒸馏完毕，应先停止加热，移走热源，待稍冷却后关好冷却水，拆除仪器。

(三)柱色谱法

选用一垂直的圆柱管作为层析柱，柱内填充适当的粉末状吸附剂，此为固定相；另外加入作为洗脱用的与固定相不混溶的溶剂，此为流动相。柱层析时，样品在流动相的重力作用下自上而下的流过吸附剂，此时样品中的各个组分因与溶剂及吸附剂的亲和力不同而受到不同程度的吸附(即以不同的速度向下移动)。在理想状况下，每一组分都将集中在自己那一段狭窄的吸附层内，实际上最好使用更多溶剂将组分从柱内分段洗脱。洗脱时，层析柱中吸附能力较弱的物质先流出，吸附能力较强的物质则后流出。这种分离混合物的方法称为柱色谱法，应用吸附层析法、分配层析法和离子交换层析法均可以使用该法。

如图 1-11 所示的玻璃柱均可用作层析柱。根据待分离物质的量，常用的尺寸有 15cm×1cm，25cm×2cm，30cm×2.5cm，40cm×3cm 以及 60cm×4cm 等。管底一般加沙板或垫一层棉绒，粗管则可加用多孔瓷板，移动相一般用漏斗加入柱内，也可以用图 1-11 所示的溶剂球中加入。

图 1-11 层析柱

最常用的吸附剂是氧化铝和硅胶。层析柱中的吸附剂应充填的非常均匀，这对各组分能否成功分离很关键，必须绝对避免固定相中出现空气泡、疏密不均或裂缝。最好将吸附剂与移动相所用溶剂调成浆状，然后将其缓慢倒入已经装有少量溶剂的层析柱内，同时轻轻的敲击层析柱，最后用一点洁净的粗砂或棉绒覆盖吸附剂的顶部。此过程中如溶剂过量，可将其从柱底缓缓放出，但层析柱中的溶剂绝不能流到吸附剂的表面以下，因为一旦发生这种情况，哪怕只是片刻，固定相中就会形成裂缝。

层析柱装好后，用抽提力较低的溶剂尽可能将样品配成浓溶液并加入柱内。被吸附物和吸附剂的比例视各组分分离难度而定，溶液渗入吸附剂后，即可加入更多的同种溶剂进行洗脱。为了建立比较理想的吸附平衡，洗脱液的流速不宜太快(对于 40cm 长的层析柱，大约 3～4mL/min)。

倘若洗脱液的流出速度太慢，则可以从柱顶增加压力，加压的方法可以是增加柱中吸附剂上的液面高度，也可以是采用加压装置或者通入压缩空气。值得注意的是，通入压缩空气必须附加适当的减压和安全装置。此外也可以将柱的底部抽成轻度的真空，但同时应考虑溶剂在真空下的挥发。

收集流出的洗脱液时，注意每瓶接收瓶收集的液体量要适量。用适当的分析方法可以判断接收瓶中的液体是否含有被洗脱的物质，例如，若被洗脱物为固体，可将洗脱液在轻度真空下蒸发，并测定其中物质的熔点。如果所用的溶剂对该物质并无洗脱能力，或当一种组分被洗脱之后，流出的液体只是纯粹的溶剂，则必须提高溶剂的洗脱能力。可采用梯度洗脱的方法加大溶剂的极性，同时检查是否已有另一种物质从柱中被洗脱出来，直至所有组分均被洗脱出来为止。

(四)层析技术

层析法是利用混合物中各组成部分物理化学性质的差异(如吸附力、分子形状、分配系数等)，使各组成部分在两相(一相为固定的，称为固定相；另一相流过固定相，称为流动相)中的分布程度不同，从而使各组成部分以不同的速度移动而达到分离的目的。层析法根据原理不同分为三种类型：吸附层析法、分配层析法和离子交换层析法。

1. 吸附层析法

某些物质具有吸附性质(如氧化铝、硅胶等)，其吸附能力的强弱随着被吸附物质的性质而变化，吸附层析法就是利用吸附物质对被吸附物质吸附能力强弱的不同而达到分离的目的。吸附层析是一种有效的分离方法，特别适合不能通过蒸馏和重结晶而分开的复杂化合物，混合物可以利用吸附层析经过反复的吸附和解析而被分离为纯组分。应用吸附层析法可以进行柱层析和薄层层析。

1)柱层析

要从含有 A、B 两种物质的混合物中分离出纯 A 组分和纯 B 组分，可以先将含有 A 和 B 的混合物用少量溶剂溶解成原溶液，再用原溶液所用的溶剂冲洗(或称为洗脱)，即让溶剂慢慢流过混合物，这时 A、B 两种物质会随着溶剂的流动而逐渐分开，其原因是溶液开始遇到吸附剂时，A 和 B 全被吸附剂吸附在上层，当加入溶剂冲洗时，柱中就连续不断的发生一系列的溶解—吸附—再溶解—再吸附的作用。例如，被吸附的 A 粒子被溶剂溶解后就继续流动，但遇到下面的吸附剂颗粒时，又被吸附住，后面继续流下来的新溶剂又再把 A 溶解而继续移动，A 又再被吸附。经过一段时间后，A 向下移动了一定的距离，同理，B 也向下移动了一定的距离。但因吸附剂对 A 和 B 的吸附力不同，即吸附性较强的物质移动的少，而吸附性较弱的物质移动的多，故 A、B 的移动的距离也不相等，这样就使 A、B 逐渐分开。如果 A 和 B 都有颜色，就可以很清楚地看出色层；若 A、B 本身无色，必要时可用显色剂使其显色。洗脱的过程中，吸附力弱的组分先被洗出，然后才是吸附力较强的组分流出，即在冲洗过程中所收集的洗脱液，开始时是纯溶剂，接着是吸附力最弱的，此后又是一段纯溶剂，然后是吸附力较强的溶液组分，再是一段纯溶剂，最后是吸附力最强的组分，故用此法可将几种不同的溶质分离。

2)薄层层析(TLC)

薄层层析的具体实验方法如下：

(1)硅胶羧甲基纤维素钠(CMC)薄板的制作：选用正规试剂厂出厂的层析硅胶，用前经研磨成细粉过 200 目筛，取 1～1.5g 中黏度 CMC 溶于 100mL 蒸馏水中，待 CMC 完全溶解后，加入上述硅胶粉 55g，调拌成糊状，即可进行铺板。铺板时可用两块 3mm 厚的玻片横放在桌上，中间夹一块 2mm 厚的玻片，然后将硅胶糊倒在中间的玻片上，再以另一块边缘光滑的玻片将硅胶糊从玻片一端刮向另一端，此时即形成一定厚度的薄板。将该薄板放置常温下或 80℃下干燥，再放入 110℃烘箱中活化 30min，最后放于干燥器中贮存备用。

(2)操作：层析缸内盛少量展开剂并平放在桌上。另取干燥硅胶 CMC 薄板，在离薄板一端约为 1cm 处，用铅笔做好标记，然后用毛细管滴加样品于此标记上，此即原点。待干燥后，将薄板放入层析缸中，使其下端浸入展开剂但不浸过原点，待展开剂上升至离薄板上端约 1cm 时取出，用铅笔画出展开剂前沿，干燥后可放在紫外灯下观察荧光或喷以显色剂显色，即显出不同的斑点，各斑点的位置可用 Rf 值表示：

$$Rf=\text{溶质离原点的距离}/\text{溶剂前沿离原点的距离} \tag{1-7}$$

2. 分配层析法

如果有两种溶质 A 和 B 在一定溶液中要进行分离，则可加入与此溶液不混溶的另一种溶剂，这样就形成二相。由于溶质 A 和 B 在此二相中的溶解度不同，所以浓度亦不相同，假定在新加入的溶剂中 A 的溶解度大于 B，这样就可将溶质 A 从原溶液中抽提出来，达到与溶质 B 分离的目的。溶质在这两种溶剂中的浓度之比被称为分配系数，而不同的溶质有不同的分配系数。利用溶质分配系数不同而进行组分分离的方法即为分配层析法，应用分配层析可以进行柱层析和纸层析。

纸层析是以纸作为支持剂，纸上所吸附的水为固定相，而与水不相混合的有机溶剂为流动相来进行层析的。纸层析的操作方法与薄层层析相似，具体操作为：层析缸内盛溶剂(正丁醇、乙醇及水以体积比为 5∶1∶4 的比例混合，振摇后静置，分取上层溶剂应用)约 1.5cm 深，盖紧，放置 3h 后备用。另取滤纸一张，在离滤纸一端 4cm 处划一横线，用铅笔在横线上作四点标记，并使每一点的间隔相等。然后用 4 根毛细管分别吸取四种物质的溶液滴在四点标记上，此即为原点，点的直径不宜超过 0.5cm。滤纸干燥后，将其下端浸入溶剂，待溶剂上升至约离滤纸上端 1cm 时取出。用铅笔画出溶剂前沿，在通风处干燥或用电吹风吹干后，用剪刀将含有不同物质的滤纸剪开，各喷以一定浓度且适量的显示剂再吹干，即显出不同颜色的斑点，求出各点的 Rf 值。

3. 离子交换层析法

离子交换层析法是利用各离子与离子交换剂亲和力大小的不同而达到分离的目的。方法是先加入离子交换剂，再加入样品，样品中的离子被交换剂所吸留。当用洗脱剂冲洗时，会发生一连串的洗脱—吸留—再洗脱—再吸留的现象，离子也因此向下移动。其中，亲和力较小的离子被吸留的力量小，因此移动较快，容易被冲洗下来，亲和力较大的离子则反之，这与吸附层析法的分离原理极为相似。

(五)结晶

冷却饱和溶液或蒸去溶剂将析出晶体，这个过程称为结晶。分去晶体后的溶液称为母液。如果晶体不纯，一般选择适当的溶剂使其溶解，然后过滤或脱色以除去杂质，再经浓缩、冷却或其他方法处理，析出纯的晶体后滤去母液，再洗涤结晶并干燥，这种再结晶的操作称为重结晶。重结晶是纯化固体有机化合物的重要方法之一，主要是利用被提纯化合物及杂质在溶剂中于不同的温度下有不同的溶解度而相互分离达到纯化的目的。有时还需要重复操作多次重结晶方可以得到纯品。

1. 结晶原理

固体有机物在溶剂中的溶解度随温度的变化而变化，通常升温溶解度增大，降温则反之。若对热饱和溶液降温，其溶解度下降，溶液则会变成过饱和溶液而析出结晶。

2. 结晶操作

1)溶剂的选择

在进行结晶或重结晶时，选择合适的溶剂是一个关键问题。有机化合物在溶剂中的溶解性往往与其结构有关，即易溶于与其结构相似的溶剂中，该规律称为相似相溶原理。例如，极性化合物易溶于极性溶剂中，而难溶于非极性溶剂中；非极性溶剂如苯、四氯化碳等，则易溶于非极性溶剂中，而难溶于极性溶剂中。相似相溶原理对实验工作中选择合适的溶剂有一定的指导作用，但还需注意以下条件：

(1)溶剂不能与被提纯化合物发生化学反应。

(2)在降低或升高温度时，被提纯化合物的溶解度应有显著差别，这样在冷却时被提纯化合物溶解度越小，回收率越高。

(3)溶质与杂质的溶解度应具有显著的差别。由于夹杂在溶质中的杂质，对溶质从溶液内结晶析出的速度及能否完全分离密切相关，所以最好选用的溶剂对溶质(即主要产品)的溶解度比杂质大，这样就可使杂质在过滤时除去；否则就选用杂质比溶质更易溶于其内的溶剂，经过反复处理可让杂质留在母液内而被除去。

(4)溶剂本身要价格低廉，纯度高，不易燃烧，沸点较低，容易挥发，并且容易与结晶分离。

具体选择溶剂时，可先查阅手册中一般化合物的溶解度，如果没有文献资料可查，只能用实验方法决定。其方法是：把少量(约 0.1g)被提纯的试样研细放入试管中，用滴管缓慢滴入溶剂并不断振摇，加入溶剂量约达 1mL 后加热并摇动，注意观察加热和冷却时试样的溶解情况。①若化合物在 1mL 冷的或温热的溶剂中已全溶，则此溶剂不适用。②若该化合物不溶于 1mL 沸腾的溶剂，则加热再继续缓慢滴入溶剂，每次加入量约 0.5mL 并加热至沸。如加入溶剂已达 4mL，该化合物仍不能溶解，则此溶剂也不适用。③若该化合物能溶解在 1～4mL 沸腾溶剂中，将试管冷却以观察结晶析出情况：如结晶不能析出，可用玻璃棒摩擦液面下的试管壁或再辅以冰水冷却促使结晶析出；若结晶仍不能析出，则此溶剂不适用。按上法逐一采用不同溶剂试验，只有在冷却后有大量晶体析出者才是最适合的溶剂。

在不能选择到一种最佳溶剂的时候，一般解决的办法是采用混合溶剂，即选择一对能互溶的溶剂 A 和 B，使待结晶的化合物易溶于 A 而微溶于 B。操作顺序是先将样品溶于 A 中，然后在较高温度(往往接近于沸点)下逐渐加入 B，使其达到饱和；超过饱和点时，透明溶液变为浑浊乳状，此时加入少许 A 或稍加热即可恢复原状，然后放置待其结晶。

常用的混合溶剂有：①水－乙酸；②石油醚－乙醚；③吡啶－水；④水－丙酮；⑤石油醚一丙酮；⑥乙醚一苯；⑦水－乙醇；⑧石油醚－苯；⑨乙醚－乙醇。若用苯作溶剂，只能在冷水中冷却，以免苯在冰水中冷却结晶而被误认为是样品的结晶。

2)样品的溶解

样品的溶解是指将粗产品溶于热的溶剂中制成饱和溶液。具体操作是将样品置于圆底烧瓶或三角瓶中，加入比需要量略少的适宜溶剂并加热至微沸。若样品未完全溶解，可分次逐渐添加溶剂，再加热到微沸并摇动，直到刚好完全溶解。但要注意判断是否有不溶或难溶性杂质存在，以免误加过多溶剂。若难以判断，宁可先进行过滤，再用溶剂处理滤渣，然后将两次得到的滤液分别进行处理。

在重结晶中，若要得到较纯的产品和较高的收率，必须十分注意溶剂的用量。为减少溶解损失，应避免溶剂过量，但溶剂少了又会给热过滤带来很多麻烦，可能造成更大损失，所以要全面衡量以确定溶剂的适当用量。一般来说，如果不需要热过滤除去杂质，可以将样品制成热饱和溶液；如果需要热过滤，则溶液的用量要比前者多 20%左右。

在溶解过程中，应避免被提纯的化合物成油珠状，这样往往是混入了杂质或少量溶剂，对纯化产品不利。此外，还要尽量避免溶质的液化，具体方法是：

(1)选择沸点低于被提纯物的熔点的溶剂，若不能满足此条件，则应在比被提纯物熔点低的温度下进行溶解。

(2)适当加大溶剂的用量。例如，乙酰苯胺的熔点为 114℃，可选择沸点低于此值的水做溶剂。但在 83℃以前，乙酰苯胺在水里如果没有完全溶解就会呈融化状态，这种情况将给纯化带来很多麻烦。此时就不宜把水加热至沸，而应在低于 83℃的情况下进行重结晶。估算溶剂用量时也只能把 83℃乙酰苯胺在水中的溶解度作为参考依据，即要适量增大水的用量。溶液变稀必然会影响重结晶的收率，也会降低结晶的速率，不过可以及时加入晶种或采取其他措施来缓解情况。当然，必要时还可改用其他溶剂。

为了避免溶剂的挥发，应在锥形瓶或圆底烧瓶上安装回流冷凝管，添加溶剂时可从冷凝管上端加入。根据溶剂的沸点和易燃情况，再选择适当的热浴加热。

3)杂质的除去

为了除去难溶的杂质以获得透明的澄清液，常常需要使用趁热过滤或抽滤法(低沸点溶剂不能用抽滤法)。粗制的有机物中常含有有色杂质，在重结晶时这些杂质可溶于有机溶剂，但仍有部分被结晶吸附，因此在分离结晶时常会得到有色产物。有时在溶剂中还存在少量树脂状物质或极细的不溶性杂质，用简单的过滤并不能有效地除去，溶液仍然出现浑浊状，这时可采用煮沸 5～10min 的活性炭来吸附此类色素及树脂状物质(如待结晶化合物本身有色则活性炭不能脱色)。使用活性炭应注意以下几点：

(1)加活性炭前，首先将样品加热并溶解在溶剂中。

(2)待溶液稍微冷却后，加入活性炭并振摇或搅拌，使其均匀分布在溶液中。如在接近沸点的溶液中加入活性炭，易引起暴沸导致溶液冲出来。

(3)加入活性炭的量，视杂质多少而定，一般为样品质量的 1%～5%。若加入量过多，活性炭将会吸附一部分纯产品，因此可先少量加入，如仍不能脱色再重复上述操作。过滤时选用的滤纸要紧密，以免活性炭透过滤纸进入溶液中，若出现此种情形，可将溶液加热至微沸后重新过滤。

(4)活性炭在水溶液中的脱色效果最好，但在烃类等非极性溶剂中效果较差。

制备好的热溶液，必须趁热过滤，以除去不溶性杂质，并且在过滤过程中应避免有结晶析出。使用易燃溶剂进行过滤操作时，附近的火源必须熄灭。选一短而粗颈的玻璃漏斗放在烘箱中预热，过滤时趁热取出使用。在漏斗中放一折叠滤纸，折叠滤纸向外的棱边应紧贴于漏斗壁上。先用少量热的溶剂润湿滤纸，然后加入溶液，添加完毕后用表面皿盖住漏斗，以减少溶剂的挥发。如需过滤的溶液较多，则可用热水保温漏斗，待其固定安装妥当后，将夹套内的水预先烧热再使用，如图 1-12 所示。

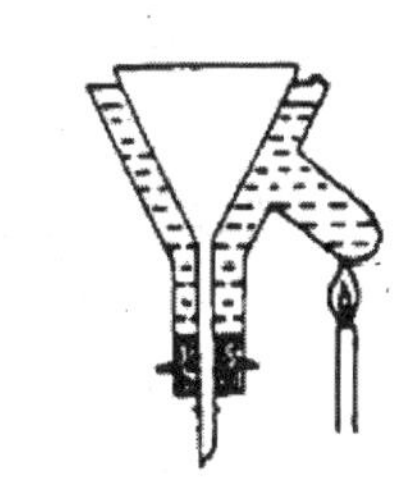

图 1-12　热过滤装置

过滤时切忌用热源加热！操作时若只有少量结晶析出在滤纸上，可用少量热溶剂洗涤；若结晶较多，可用刮刀刮至原来的瓶中，再加适量溶剂溶解并过滤。过滤结束后，将瓶加盖，放置冷却。过滤操作需事先做好准备，操作时应动作迅速，并注意整个操作中，周围不能有热源。

减压过滤(抽滤)可用布氏漏斗和吸滤瓶来进行，如图 1-13 所示。减压抽滤的优点是操作简便迅速；缺点是悬浮的杂质有时会穿过滤纸，漏斗孔内易析出结晶而被堵塞，并造成热溶液不易透过，由于减压作用，溶剂易被抽走。尽管如此，实验室仍普遍采用减压过滤，操作时应注意：

(1)滤纸不能大于布氏漏斗的底面。

(2)在过滤前应将布氏漏斗放入烘箱中(或用电吹风)预热。

(3)抽滤前，用同一热溶剂将滤纸润湿后再抽滤，并使其紧贴于漏斗的底部。

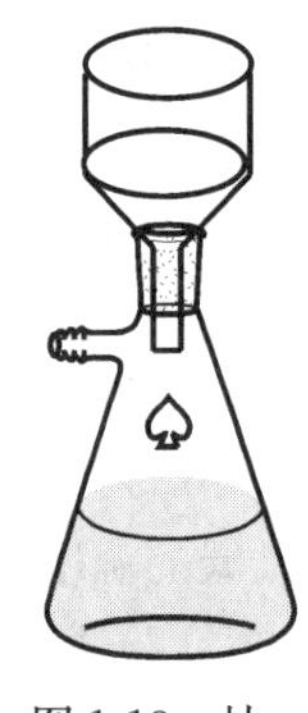

图 1-13　抽滤装置

4)晶体的析出

若将热滤液迅速冷却或在冷却时剧烈搅拌，所析出的结晶颗粒很小。小晶体包含的杂质少，但由于表面积较大，吸附在表面上的杂质总量还是较多。若将热滤液在室温或保温静置下让其慢慢冷却，析出的结晶颗粒较大，但却往往有母液或杂质夹杂在其中。

杂质的存在将影响化合物晶核的形成和结晶体的生长，可能造成溶液已达到饱和状态也没有结晶体析出。为了促使化合物结晶体的析出，通常需要采取一些必要的措施帮助其形成晶核，以利于结晶体的生长。其方法如下：

(1)用玻璃棒摩擦瓶壁，产生微小颗粒代替晶核，以诱导方式使溶质分子形成结晶。

(2)加入少量该溶质的晶体于此过饱和溶液中，结晶体往往很快析出，这种操作称为“接种”或“种晶”。实验室如无此晶种，也可自己制备：取数滴过饱和溶液于一试管中旋转，溶液挥发后会在器壁表面形成一薄膜，然后将试管放入冷冻液中，所形成结晶即可作为“晶种”之用；也可取一滴过饱和溶液于表面皿上，待溶剂挥发后便能得到晶种。

(3)冷冻过饱和溶液，再补以玻璃棒摩擦瓶壁。因温度低利于形成结晶体，也可将过饱和溶液长时间放置于冰箱内，同样能达到效果。

有时被纯化物质呈油状物析出，长时间静置加以足够冷却，虽也能让其固化，但杂质含量较多。若用溶剂大量稀释，则产物损失较大。这时可将析出油状物的溶液加热，并让油状物重新溶解，然后慢慢冷却，当发现油状物开始析出时便剧烈搅拌，使其在均匀分散的条件下固化，如此包含的杂质较少。当然，最好还是另选合适的溶剂，以便得到纯的结晶产品。

5)晶体的滤集和洗涤

常用布氏漏斗进行抽滤将析出的结晶体与母液分离。为了保证分离效果，最好用干净的玻璃塞在布氏漏斗上将晶体挤压，并随同抽气以尽量除去母液。结晶体表面残留的母液，可用少量的冷溶剂洗涤。洗涤时应先停止抽气，用玻璃棒或不锈钢刮刀将晶体挑松，随后在漏斗上加入溶剂，静置片刻使溶剂均匀浸透晶体，然后再进行抽滤，如此重复操作 1～2 次，最后洗液与母液合并一起处理。抽气时应注意，当液体已基本滤下时，即应停止抽气添加洗液，以防抽气过度导致漏斗上的晶体层产生裂缝。此外，最后一次抽滤要充分抽尽。

过滤少量的晶体可用玻璃钉漏斗，并以抽滤管代替抽滤瓶。玻璃钉漏斗上铺的滤纸应比玻璃钉的直径稍大，且滤纸需用溶剂先润湿后进行抽滤，再用玻璃棒或刮刀挤压使滤纸的边沿紧贴于漏斗上。

6)晶体的干燥

把洗净的结晶连同滤纸一起移至表面皿或结晶皿上，由于晶体还带有水分或挥发性的有机溶剂，因此必须用适当的方法加以干燥，随后才可以测定其熔点。最常用的办法是将固体置于含有不同干燥剂的干燥器中进行干燥，而对于热稳定的固体，则可以置于烘箱中干燥，但此法仅限于高熔点的物质，因为尚未除尽的少量溶剂能够显著的降低该类结晶物质的熔点。另外，曾用乙醇和乙醚等易燃溶剂洗过的物质不能在烘箱中烘烤，以免发生爆炸。

实验室中常用红外线灯来进行固体的干燥，由于红外线的特殊性能，干燥时温度较低但速度快，而且固体的内部也能得到有效干燥。

7)母液与洗液的处理

母液和洗液中溶解的产品数量不应忽视，可将溶液浓缩后冷却结晶，若析出的结晶纯度不如第一次高，则应按前述办法再结晶一次。另外，如果母液与洗液中含有大量的有机溶剂，在操作前需先减压蒸馏以回收溶剂。

(六)干燥

在实验室工作中，干燥是普通而又重要的一种操作。很多反应需要在绝对无水的条件下进行，这就要求所用的原料及溶剂都应该经过干燥；某些含有水分经加热会变质的化合物，在蒸馏或用无水溶剂进行重结晶前也必须进行干燥处理；在进行元素的定量分析之前，必须使其干燥，否则影响分析结果；在某种情况下需要除去结晶水或其他溶剂也需用到干燥。

1. 干燥方法

1)物理方法

常用的物理方法有以下几种：

(1)利用分馏或利用二元或三元混合物除去水分。例如，甲醇与水，由于两者沸点相差较大，用精密分馏柱即可完全分离。

(2)加热。例如，用烘箱或红外线干燥结晶样品。

(3)吸附。例如，用硅胶干燥空气，以及用石蜡吸收非极性有机溶剂的蒸气。

2)化学方法

干燥的化学方法是利用适当的干燥剂对被干燥物进行脱水，其脱水作用可分两类：

(1)能与水可逆的结合生成水合物，例如，浓硫酸，无水氯化钙，无水硫酸铜和无水硫酸钠。此类干燥剂的干燥作用受温度影响，温度越高干燥效率越低。这是因为干燥剂与水的结合是可逆的，温度较高时水合物不稳定，所以在蒸馏前必须将此类干燥剂滤除。

(2)与水化合成一个新的化合物，这是不可逆反应，例如，氧化钙、钠、镁和五氧化二磷等。反应如下：

$$CaO + H_2O \longrightarrow Ca(OH)_2$$

$$2Na + 2H_2O \longrightarrow 2NaOH + H_2\uparrow$$

此化学类干燥剂蒸馏前可以不必除掉。

2. 干燥剂应具备的条件及常用的干燥剂

1)干燥剂应具备的条件

(1)与被干燥的物质不发生任何化学反应。

(2)干燥速度要快，吸水能力要强。

(3)价格低廉，能吸收大量水分。

(4)对有机溶剂或溶质，必须无催化作用，以免产生缩合、聚合或自动氧化等反应。

(5)不溶于被干燥的液体中。

2)常用的干燥剂

(1)无水氯化钙($CaCl_2$)：价格低廉吸水能力强，但干燥时间较长，并需不断振摇方可呈效，吸水时形成水合物。

$$CaCl_2 \xrightarrow{H_2O} CaCl_2 \cdot H_2O \xrightarrow{H_2O} CaCl_2 \cdot 6H_2O \quad (30℃以下适用)$$

由于在制备过程中，无水氯化钙仍有水解成氢氧化钙和碱式氯代钙的可能，所以此干燥剂不适用于干燥酸性和碱性液体。由于酮类、醛类、酰胺、脂类、α-氨基酸类或β-氨基酸类、醇类及胺类能和氯化钙形成分子络合物(如 $CaCl_2 \cdot 4C_2H_5OH$)，所以上述液体不宜用无水氯化钙干燥。无水氯化钙可用于烃类、卤代烃和醚类等干燥。

(2)无水硫酸镁($MgSO_4$)：价格低廉，吸水能力强且作用快。因无水硫酸镁是中性物质，与各种有机物均不发生化学反应，故可用于各类有机物的干燥。

$$MgSO_4 \xrightarrow{H_2O} MgSO_4 \cdot 7H_2O \quad (48℃以下适用)$$

(3)无水硫酸钠($NaSO_4$)：价格低廉，吸水量大，因自身是中性物质，故可干燥很多有机物；但单作用慢且不易完全致干，所以对含有大量水分的有机物进行干燥时，可先用本品再用其他干燥剂。

$$NaSO_4 + 10H_2O \longrightarrow NaSO_4 \cdot 10H_2O \quad (32.4℃以下适用)$$

(4)无水硫酸钙($CaSO_4$)：干燥作用快，不溶于有机溶剂，因自身是中性物质，可干燥各种有机物，使用范围广；但吸水量较小，最高吸水量只为其重量的 6.6%；生成的水合物在 100℃时性质稳定；价格虽较硫酸镁或硫酸钠稍高，但在 230～240℃条件下加热 3h，仍可除水共用。

$$2CaSO_4 + H_2O \longrightarrow (CaSO_4)_2 \cdot H_2O$$

已用无水硫酸镁、无水硫酸钠或无水氯化钙干燥后的液体，经过滤，滤液中含有微量的水分可再用本品吸除。

(5)无水碳酸钾(K_2CO_3)：吸水能力中等，作用缓慢；自身呈碱性，适用于醇类、酮类和酯类等中性有机物，同时也适用于不宜与强碱接触的胺，但不可用于酸类、酚类及其他酸性物质。

$$K_2CO_3 + 2H_2O \longrightarrow K_2CO_3 \cdot 2H_2O$$

(6)氢氧化钾或氢氧化钠(KOH/NaOH)：呈强碱性，适用于干燥胺类或杂环碱性物质。当某些碱性物质中含有较多水分时，可先用浓氢氧化钾或氢氧化钠溶液混合振荡，将大部分水除去后再用固体氢氧化钾或氢氧化钠干燥。在有水存在时，氢氧化钾或氢氧化钠会与酸类、酚类、酯类和酰胺等作用。氢氧化钾或氢氧化钠还可以溶于醇类等有机液体中。

(7)氧化钙(CaO)：本品呈碱性，不宜干燥酸类和酯类。

(8)金属钠(Na)：醚、烷烃或芳烃经无水氯化钙或硫酸镁去除其中大部分水后，可再加入金属钠以除去微量水分。易与碱作用或易被还原的有机物都不能用钠做干燥剂。

(9)五氧化二磷(P_2O_5)：价格较贵，但干燥作用快。烃类、醚类、卤烃和腈类等经无水硫酸镁干燥后，若仍有微量的水分，可用本品除去。本品对醇类、酸类和醚类等均不适用。

$$P_2O_5 + H_2O \longrightarrow 2HPO_3 \xrightarrow{H_2O} 2H_3PO_4$$

(10)浓硫酸(H_2SO_4)：可以用来干燥空气及某些气体产物。

其他诸如过氯酸镁和活性氧化铝等都是很好的干燥剂。

3. 干燥操作方法

1)气体的干燥

一般是将干燥剂装在洗气瓶或干燥管内，让气体通过即达到干燥目的。

2)液体的干燥

在适当的容器内(如三角瓶)放入已分去水层的液体有机物，加入适宜的干燥剂，塞紧(用金属钠干燥除外)并振荡片刻，静置过夜，然后滤去干燥剂，进行蒸馏精制。

3)固体的干燥

固体的干燥方法如下：

(1)置于空气中晾干。

(2)放在表面皿中蒸干，如图1-14所示。

(3)放入烘箱中烘干。

(4)放在红外线灯下烤干。

(5)置于干燥器内干燥。将待干燥的固体平铺在结晶皿中，然后放在干燥器内，干燥器的底部装有适当的干燥剂。常用的干燥剂有：①浓硫酸——可吸除水分和碱性物质；②无水氯化钙——可吸除水分和醇类等；③氢氧化钾——可吸除水分、酸类、酚类和酯类；④生石灰或碱石灰——可吸除水分和酸类；⑤石蜡——可吸除乙醚、氯仿、苯和石油醚等有机溶剂的蒸气；⑥硅胶——可吸除水分，但作用较慢；⑦氧化铝——可吸除水分；⑧五氧化二磷——可强烈地吸除水分。

(6)真空干燥器内干燥。如图1-15所示，真空干燥器顶部的玻管带有活塞，从此处抽气可使器内压力减小并趋向真空，夹杂在固体中的液体也更容易气化而被干燥剂所吸附，所以真空干燥器的成效要比普通干燥器快6～7倍。用水泵减压时，要在水泵和干燥器间装安全瓶，以免因压力突变导致水倒吸至干燥器内。

在抽真空时，可能由于干燥器的玻璃厚薄不均或质料不够坚固，而经不住内外相差的压力以至发生向内崩裂，所以常在器外用铁丝网或厚布包扎，避免破裂时发生伤人事故，所以在使用新干燥器时应予以仔细检查。通入空气的玻璃管应弯成钩形，使其顶端向上，仅留一小孔。干燥完毕后，应慢慢打开活塞，使空气经此小孔缓缓进入，避免突然进入干燥器的真空流将样品吸出容器。

图 1-14　在表面皿上蒸干

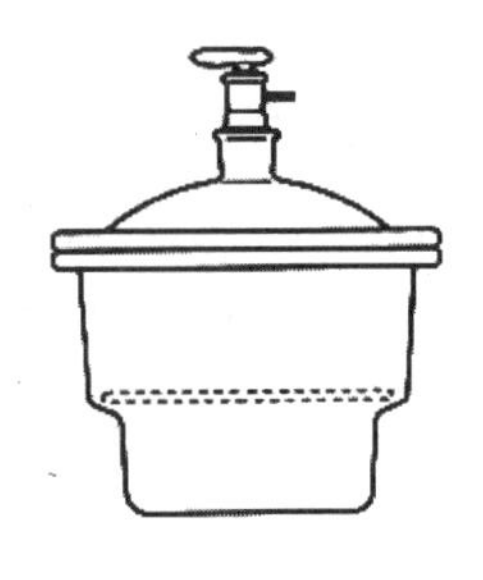

图 1-15　真空干燥器

二、工艺过程分析技术(PAT)

过程分析技术(process analysis technology，PAT)是使用一系列的工具，以保证产品的质量、生产过程的可靠性和提高工作效率。美国食品药品管理局(food and drug administration，FDA)定义 PAT 为一种可以通过测定关键性的过程参数和质量指标来设计、分析和控制药品生产过程，依据生产过程中的周期性检测、关键质量参数的控制、原材料和中间产品的质量控制及生产全过程控制，确保终产品质量达到认可标准的程序。2004 年美国 FDA 正式公布了 PAT 的工业指南，FDA 认为在药品生产过程中使用 PAT 技术，可以加强对生产过程和产品的理解，提高对药品生产过程的控制，并在设计阶段就确保了产品的质量。

(一)PAT 内容

根据 FDA 公布的工业指南，PAT 是由支持创新的科学原理和工具与适应创新的管理策略两部分组成。创新的科学原理和工具包括 PAT 工具、过程理解、基于风险考虑的方法和其他一些综合的方法。PAT 常使用的工具包括：用于设计与数据获取和分析的多变量分析工具、过程分析仪、过程控制工具、持续改善和知识管理系统等。

过程理解是 PAT 的一个重要目标，如 PAT 工业指南所述——“PAT 的重要目标是加强制药过程的理解和控制。这与现行的药品质量体系是一致的，质量不是检验出来的，而是设计出来的”。此外，FDA 鼓励与工业界交流，制订与企业生产相协调的管理策略，并支持生成商提出的创新生产和质量保证提案。这些策略包括生产和控制评审、过程检查的 PAT 小组、PAT 审查、执行人员的综合培训和认证以及对 PAT 审查和工作人员提供的技术支持等。

(二)PAT 在制药行业中的应用

PAT 计划从过程和工艺上保证药品的质量，改变了只能依靠严格和生硬的认证规范来监督药品质量的现状，为制药行业提供了有序的法规框架，并鼓励制药行业发展在线质量控制技术，实现对过程参数的识别和检测控制，最终达到提高药品生产效率和确保药品质量，为药品制造过程营造了一个良好的监管环境[5]。

目前在 FDA 倡导下，已有越来越多的国际制药企业运用 PAT 技术进行产业升级，以提高产品质量和降低生产成本。制药工业生产过程中，应用较多的是先进过程分析仪和过程分析仪表，例如，近红外光谱、拉曼光谱、工业在线色谱仪、工业质谱仪和核磁共振仪等，从药物的定性、定量分析到生产过程各个阶段的在线监控均有应用，并取得了显著的经济效益和社会效益。利用这些技术，可以在制药生产过程实现对生产的关键环节进行快速、直接的评估，以达到质量控制的目的。

第 2 章　生物制药工艺学实验

第一节　生物制药工艺基础实验

实验一　双水相萃取脂肪酶

一、实验目的

学习并掌握双水相萃取法的原理和操作。

二、实验原理

双水相萃取法分离和提纯蛋白质，主要是利用了蛋白质在两种物质所形成的双水相中的分配系数不同进而实现的。当双水相体系中的两种物质浓度达到一定比例时，就会形成稳定且互不相溶的两相。萃取脂肪酶时，由于脂肪酶在这两相中的分配系数不同，会自动地向分配系数高的一相中移动，而其他的杂质则分配到另一相，这样就达到了分离和提纯的目的。因为两相都是水相，所以对酶的活性及稳定性一般不会有太大的影响。本实验采用的是 PEG/$(NH_4)_2SO_4$ 体系。

酶活的检测可采用 pNPP 法，即利用脂肪酶水解对硝基苯磷酸二钠盐(pNPP)得到有颜色的对硝基苯酚(pNP)，然后通过分光光度计检测其吸光度，对照标准曲线得到酶活。

三、实验材料

(1)脂肪酶(由假单胞菌发酵制备)，聚乙二醇(PEG)1000，硫酸铵和十二烷基硫酸钠(SDS)等。

(2)Tris-HCl(pH8.5)：称取 6.055g Tris-HCl 溶于 800mL 蒸馏水中，用盐酸调节 pH 至 8.5，定容至 1000mL 即可。

(3)考马斯亮蓝：将 100mg 考马斯亮蓝 G-250 溶于 50mL 95%乙醇中，再加入 100mL 85% 磷酸，用蒸馏水稀释至 1000mL，抽滤除去杂质。最终，试剂中含 0.01%(W/V)考马斯亮蓝 G-250，4.7%(W/V)乙醇和 8.5%(W/V)磷酸。

(4)标准蛋白溶液：将牛血清白蛋白(BSA)配制成 1.0mg/mL 贮备液。

(5)pNPP 底物：将 pNPP 溶于乙腈中，调节其浓度为 10mmol/L，依次加入乙醇和 50mmol/L Tris-HCl 缓冲液(pH8.5)，使乙腈、乙醇和 Tris-HCl 的体积比为 1∶4∶95。由于该溶液很不稳定，需要现配现用，而保存时则不用加 Tris-HCl 缓冲液，但要置于

−20℃条件下。

四、实验步骤

(一)粗酶液的制备

制备假单胞菌发酵培养基 100mL，分装到 2 个 250mL 锥形中，灭菌后向瓶中分别接种 1mL 活化后的假单胞菌种，并置于 28℃左右的摇床中培养 60h，最后将所得溶液在 4000r/min 条件下离心 10min，取上层清液即为所需的粗酶液。

(二)双水相萃取脂肪酶

在实验采用的是 PEG/$(NH_4)_2SO_4$ 双水相体系：先将 PEG1000 和硫酸铵分别配制成质量分数为 50%和 40%两种浓度，然后按照一定的比例混合，使体系中的 PEG1000 质量分数分别为 15%和 25%；硫酸铵质量分数分别为 15%和 25%，即有 4 组不同的体系进行实验。

取上述 4 种体系各 8g 置于 10mL 刻度试管中，再分别向其中加入 2g 粗酶液，静置 15min，观察分相情况并记录上下相体积比。记录完毕后，分别取出上下相溶液留待后面实验使用。

(三)考马斯亮蓝法测定蛋白质含量

1. 标准牛血清蛋白制作标准曲线

按表 2-1 所示，在试管中分别加入 0μg、20μg、40μg、80μg 和 100μg 蛋白标准溶液，并用蒸馏水稀释至 100μL，再加入 3mL 染色液，混合均匀后于室温下放置 15min。在 595nm 波长处比色，读出各管吸光度，并以各管的标准蛋白浓度为横坐标，吸光度为纵坐标绘出标准曲线。

表 2-1 标准曲线的制作

试剂 \ 编号	1	2	3	4	5	6
蛋白标准液/mL	0	0.02	0.04	0.06	0.08	0.10
蒸馏水/mL	0.10	0.08	0.06	0.04	0.02	0
染色液/mL	3	3	3	3	3	3

2. 测定蛋白含量

取三只试管，分别标以 1、2 和 3 号，按表 2-2 所示加入各液体，混合均匀后于室温下放置 15min，然后在 595nm 波长下比色，并计算蛋白质浓度。

表 2-2 样品的检测

试剂/mL \ 编号	1(空白管)	2(标准管)	3(样品管)
蒸馏水	0.1	—	—
蛋白质标准液	—	0.1	—
萃取液	—	—	0.1
染色液	3	3	3

3. pNPP 法测酶活

取 4mL pNPP 底物置于 45℃水浴锅中预热 5min，随后在 45℃下加入 50μL 稀释后的酶液，反应 5min 后再加入 10μL 0.05mol/L 乙二胺四乙酸(EDTA)溶液，并立即放入冰水中终止反应。用紫外可见分光光度计测定 405nm 波长处的吸光度，根据所产生的 pNP 浓度来计算酶活。单位酶活定义为 45℃下，pH8.5，每分钟分解 pNPP 并释放 1μL pNP 所需酶量。

(四)实验结果与讨论

按表 2-3 记录相应数据，并计算比活力和收率。

表 2-3 双水相萃取脂肪酶实验结果

样品 \ 指标	总蛋白/(mg/mL)	酶活/(U/mL)	比活力/(U/mg)	收率/%
粗酶液				
上相 1				
下相 1				
上相 2				
下相 2				
上相 3				
下相 3				
上相 4				
下相 4				

五、注意事项

(1)准确控制 PEG 浓度和硫酸铵浓度。
(2)酶活测定中，各试管反应温度和 pH 需保持一致。

【思考题】

双水相体系中 PEG 浓度和分子大小对萃取效率有什么影响?

实验二　等电点分离法提取酪蛋白

一、实验目的

掌握蛋白质等电点沉淀法的操作以及离心技术的操作原理和方法。

二、实验原理

酪蛋白是牛奶中的主要蛋白质，其本质是含磷蛋白质的复杂混合物，浓度约为35g/L。蛋白质是两性化合物，溶液的酸碱性将直接影响蛋白质分子所带的电荷。当调节牛奶的 pH 达到酪蛋白的等电点(pI)4.8 左右时，蛋白质所带正、负电荷相等，即呈电中性。此时酪蛋白的溶解度最小，将会以沉淀的形式从牛奶中析出，而乳糖仍存在于牛奶中，通过离心的方法能将两者相互分离。再根据酪蛋白不溶于乙醇和乙醚的特性，可用乙醇洗涤以除去粗制品中的脂质，使酪蛋白初步得到纯化。

三、实验材料

(一)仪器

温度计，布氏漏斗，pH 试纸，抽滤瓶，水浴锅，烧杯，量筒，表面皿，天平和离心机。

(二)材料

市售全脂牛奶，无水乙醇，无水乙醚和 0.2mol/L 乙酸钠缓冲液(pH4.7)。

四、实验步骤

(一)酪蛋白等电点沉淀

(1)将 100mL 牛乳放入 500mL 烧杯中并加热至 40℃，随后将其加入到 40℃的乙酸钠缓冲液中，调节 pH 为 4.7，此时有絮状的蛋白质沉淀析出。

(2)将悬浮液冷却至室温，静置分层，再以 3000r/min 转速离心 15min，最后收集沉淀。

(二)水洗

将 pH4.7 醋酸－醋酸钠缓冲溶液用蒸馏水稀释 10 倍，用其洗涤粗制品三次，以 3000r/min 转速离心 10min 后得到沉淀蛋白。

(三)去脂

(1)向粗制品中加入10mL无水乙醇并搅拌片刻，随后将全部悬浊液转移至布氏漏斗中，先用乙醚-乙醇混合液洗涤沉淀两次，再用乙醚洗涤两次，然后进行抽滤。

(2)抽滤结束后，将沉淀从布氏漏斗移至表面皿，并均匀摊开以除去乙醚，干燥后即得酪蛋白纯品。

(3)准确称重后，计算出每100mL牛乳所制备出的酪蛋白质量(g/100mL)，并与理论产量(3.5g/100mL)相比较，求出实际获得的百分率。

(四)结果与讨论

酪蛋白收率=粗品质量(g)/(100mL×3.5g/100mL)×100%

五、注意事项

(1)装入离心管的样品不应超过离心内套管体积的2/3，且离心前需将一对离心管(含内、外套管)放在天平上平衡。

(2)离心机检查正常后，对称放入已平衡好的离心管并盖好离心机盖，打开电源开关并设置转速与时间即可开始离心，离心时一定不能超过离心机的最大离心速度。

(3)离心结束后，耐心等待离心机停止运转，注意不能用手强行使其停止，随后再打开机盖，取出离心管。

【思考题】

(1)用乙醇、乙醚-乙醇和乙醚洗涤蛋白质的顺序是否可以变换？为什么？

(2)试设计一个利用蛋白质其他特性来提取蛋白质的实验。

实验三　离子交换法提取溶菌酶

一、实验目的

了解并掌握离子交换法的原理和操作步骤。

二、实验原理

溶菌酶(Lysozyme，EC 3.2.1.17)是一种专门作用于微生物细胞壁的水解酶，又称细胞壁溶解酶(Muramidase)。该酶广泛存在于鸟类和家禽的蛋清中，也存在于哺乳动物的泪液、唾液、血浆、尿液、乳汁、其他体液(如淋巴液)及白细胞和组织(如肝、肾)细胞中。蛋清中溶菌酶含量最丰富，约为 0.3%～0.4%，加之蛋清来源广泛，因此多数商品溶菌酶是从蛋清中提取的。溶菌酶是一种糖苷水解酶，属于最广泛的水解酶类，能有效地水解细菌细胞壁的肽聚糖或甲壳素。其水解位点是 *N*-乙酰胞壁酸(NAM)的 1 位碳原子和 *N*-乙酰葡萄糖胺(NAG)的 4 位碳原子间的 β-1，4 糖苷键，同时溶菌酶也可行使转葡萄糖基酶的作用。在临床应用上，溶菌酶多用于副鼻窦炎、口腔溃疡、扁平苔藓和渗出性中耳炎等疾病的治疗。此外，溶菌酶作口服剂时具有多种药理作用，可抑制流行性感冒和腺病毒的生长、抗感染及抗炎症。

溶菌酶是一种碱性球蛋白，由 18 种共 129 个氨基酸组成的单一肽链，分子中碱性氨基酸残基及芳香族氨基酸(如色氨酸)残基的比例很高。溶菌酶等电点为 10.7，最适 pH 为 7，最适温度为 50℃；有四对二硫键，相对分子质量为 14300；其结晶形状随结晶条件而异，有菱形八面体、正方形六面体及棒状结晶等。

离子交换法是利用溶液中各种带电粒子与离子交换剂之间结合力的差异进行物质分离的操作方法。在蛋清中，其他蛋白质带负电荷，而溶菌酶带正电荷，是一种碱性蛋白质，所以可以采用弱酸阳离子交换树脂选择性的提取溶菌酶。

三、实验材料

新鲜鸡蛋，D152 离子交换树脂，盐酸(1mol/L)，氢氧化钠(1mol/L)，硫酸铵和丙酮。

四、实验步骤

本实验总路线为：蛋清⟶加入树脂吸附⟶倾去蛋清⟶洗涤树脂除去杂质⟶10%硫酸铵洗脱⟶加硫酸铵沉淀⟶透析⟶盐析⟶干燥⟶成品。

(一)预处理

1. 离子交换树脂的预处理

称取 100g D152 离子交换树脂，用 1000mL 1mol/L 盐酸浸泡 12h，弃去上清液，用清水冲洗至 pH 为 6 左右；再用 800mL 80℃热水浸泡 4h，过滤；用 1mol/L 氢氧化钠溶液浸泡 12h，弃去上清液，再用清水冲洗至 pH 为 9 左右，然后用水浸泡备用。制备所需 H^+ 型树脂时，可将上述树脂用 1mol/L 盐酸浸泡 12h，然后用清水洗至 pH 为 6 左右，再用水浸泡备用。

2. 蛋清的预处理

取新鲜蛋清，用三层纱布过滤除去杂质，再用磁力搅拌器搅拌 10min，速度以不引起蛋清起泡为宜。

(二)吸附

将蛋清冰浴冷却至 5℃左右，在搅拌下加入 25%已处理好的 D152 离子交换树脂，并使树脂全部悬浮在蛋清中，随后保温搅拌吸附 6h，再静置分层；弃去上层清液(可回收制备蛋粉)，用清水反复清洗下层树脂三次以除去杂蛋白，最后滤干树脂。

(三)洗脱

在上述树脂中加入等体积浓度为 10%的硫酸铵溶液，搅拌洗脱 60min，滤出洗脱液，再重复洗脱树脂三次，最后合并滤出的洗脱液。

(四)沉淀

按洗脱液体积加入固体硫酸铵粉末，使硫酸铵的最终浓度达到 32%，并搅拌使其完全溶解，随后将溶液放置在冰箱中过夜，弃去上清液后用离心机分出沉淀物。

(五)干燥

将沉淀的盐析物倒入丙酮中并不断搅拌，随后放置 2h 再滤除丙酮，最后放入真空干燥箱，于 40℃下干燥 4h，得成品并称重。

(六)结果与讨论

得率=实测溶菌酶粗品质量(g)/理论含量(g)

五、注意事项

(1)鸡蛋清 pH 的调节。
(2)鸡蛋清搅拌力度以及树脂吸附时间等。

【思考题】

(1)树脂混合比例和溶菌酶吸附有什么关系?
(2)吸附时间和溶菌酶吸附有什么关系?
(3)洗涤次数与溶菌酶吸附有什么关系?
(4)洗脱中硫酸铵浓度与溶菌酶收率有什么关系?

实验四　大孔吸附树脂分离荷叶黄酮

一、实验目的

(1)了解大孔吸附树脂在药物分离和纯化中的应用。
(2)学习并掌握大孔吸附树脂分离法的操作工艺。

二、实验原理

大孔树脂属于功能高分子材料，多为球状颗粒，主要以苯乙烯、二乙烯苯、甲基丙烯酸甲酯和丙腈等为原料，再加入一定量的致孔剂二乙烯苯聚合而成。聚合物形成后，致孔剂被除去，在树脂中留下了大大小小、形状各异且互相贯通的孔穴。因此，在干燥状态下大孔树脂内部具有较高的孔隙率，且孔径较大，约为 100～1000nm。大孔树脂主要通过分子间作用力(即范德华力)、氢键以及孔径大小对不同种类的化合物进行选择性吸附，从而达到分离和纯化化合物的目的。

黄酮类化合物在植物中分布较广，其基本结构式如图 2-1 所示。荷叶中的黄酮化合物主要是荷叶苷，它对降低体重、胆固醇和甘油三酯有着明显的活性作用。游离的黄酮类化合物一般难溶于水，而荷叶中黄酮类物质主要以甙类的形式存在，黄酮甙一般易溶于热水。游离的黄酮类化合物和黄酮甙都能溶于甲醇、乙醇和乙酸乙酯等有机溶剂。

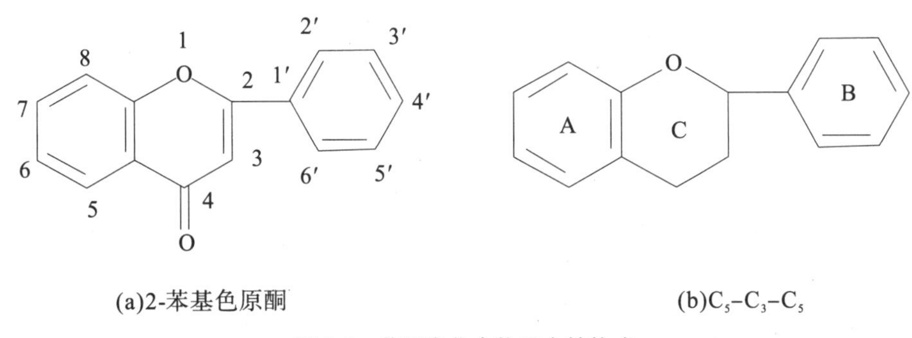

(a)2-苯基色原酮　　(b)C_5-C_3-C_5

图 2-1　黄酮类化合物基本结构式

三、实验材料

(一)仪器

紫外分光光度计，电子天平，旋转蒸发仪和水浴锅等。

(二)材料

荷叶干品，D101 大孔树脂，乙醇，氢氧化钠，甲醇，亚硝酸钠，盐酸和芦丁标准品等。

四、实验步骤

(一)荷叶黄酮粗提物的制备

称取 25g 荷叶干品，用 250mL 70%乙醇浸泡 30min，回流提取 1.5h 后过滤，滤液经旋转蒸发仪浓缩，得到荷叶粗提物。

(二)树脂的预处理

(1)以 0.5Bv 的乙醇浸泡树脂 24h(1Bv 为一个树脂床体积);

(2)取一定量树脂湿法装柱(柱体积约 75mL),用 2Bv 的乙醇以 2Bv/h 的流速通过树脂柱,并浸泡树脂 4~5h;

(4)用乙醇以 2Bv/h 流速洗涤树脂至流出液加水不呈白色浑浊为止,再用水以同样的流速洗净乙醇;

(5)用 2Bv 5%盐酸溶液以 4~6Bv/h 流速通过树脂层,并浸泡树脂 2~4h,而后用水以同样的流速洗至出水的 pH 为中性;

(6)用 2Bv 2%氢氧化钠溶液以 4~6Bv/h 的流速通过树脂层,并浸泡树脂 2~4h,而后用水以同样的流速洗至出水的 pH 为中性。

(三)上样

将树脂中的水尽可能排尽,从柱上方加入 15mL 荷叶粗提物浓缩液,在放出原溶剂的同时加入样品溶液,流速应适当。静置 30min 后,打开柱下端的夹子,用 3~5Bv 水进行冲洗。

(四)洗脱

待样品完全进入色谱柱后,用水及体积浓度分别为 10%、20%、30%、40%、50%、60%、70%和 80%的乙醇进行梯度洗脱,流速为 2Bv/h,每个梯度洗 3Bv,并分浓度收集洗脱液。

(五)含量检测

1. 标准曲线制备

准确称取 10mg 已于 120℃下干燥至恒重的芦丁标准品,并置于 10mL 容量瓶中,加入适量甲醇,在温水浴上微热使其完全溶解,冷却后用甲醇稀释至刻度;再量取 5mL 该溶液移至 50mL 容量瓶中,用甲醇稀释至刻度,摇匀后即为标准溶液。

准确量取上述标准液 0.1mL、1.0mL、2.0mL、3.0mL、4.0mL、5.0mL 和 6.0mL,分别置于 25mL 容量瓶中并加水至 6mL,加入 5%亚硝酸钠溶液,摇匀,放置 6min;再加入 10mL 1mol/L 氢氧化钠,用蒸馏水稀释至刻度,摇匀,放置 15min。利用分光光度法在 510nm 波长处测吸收度,并以吸收度为纵坐标,浓度为横坐标,绘制标准曲线,求回归方程。

2. 样品溶液浓度测定

按上述方法加入待测品,反应后检测其吸收度,代入回归方程计算总黄酮含量。

(六)结果与讨论

计算样品中黄酮含量和黄酮得率,如表 2-4 所示。

表 2-4　大孔树脂分离纯化黄酮实验结果

样品＼指标	洗脱液中黄酮浓度/(mg/mL)	黄酮总量/mg	黄酮收率/%	洗脱液体积/mL
荷叶粗提液				
水				
20%乙醇				
30%乙醇				
40%乙醇				
50%乙醇				
60%乙醇				
合计				

五、注意事项

(1)装柱前应用乙醇充分溶胀大孔树脂。
(2)装柱时应防止色谱柱中产生气泡。

【思考题】

不同浓度洗脱液对黄酮的收率有什么影响？为什么？

实验五　超滤法制备聚苹果酸

一、实验目的

了解和掌握超滤膜对发酵液中高分子聚合物聚苹果酸的分离和浓缩过程。

二、实验原理

聚苹果酸(Polymalic acid，PMA)是出芽短梗霉菌株代谢产生的一种高分子聚合物，它具有良好的水溶性、可生物降解性和生物相容性等优点，被广泛应用于药物载体、组织工程和食品等领域[6,7]。出芽短梗霉在发酵产生聚苹果酸的同时，会产生一定量的普鲁兰多糖等杂质，不过通常聚苹果酸的相对分子质量低于 10000Da，而普鲁兰多糖的相对分子质量则远高于聚苹果酸相对分子质量。

膜分离是一种无相变的纯物理手段，能对料液进行分子水平的分离，且分离过程清洁环保。超滤膜超滤是一种分离技术，能够将溶液净化、分离或者浓缩。超滤是介于微滤和纳滤之间的一种膜过程，膜孔径范围为 0.5μm(接近微滤)～1nm(接近纳滤)。超滤的典型应用是从溶液中分离大分子物质(如细菌)和胶体，通常认为，超滤所能分离的溶质相对分子质量下限最小至几千 Da。超滤膜可视为多孔膜，其截留取决于膜的过滤孔径和溶质的大小及形状。

本实验以超滤设备(截留相对分子质量 10000~50000Da)进行聚苹果酸发酵液的分离过滤，以去除发酵液中的菌丝体和普鲁兰多糖杂质，得到含聚苹果酸的滤液。

三、实验材料

(一)仪器

超滤膜分离系统，高效液相色谱仪(HPLC)，水浴锅和离心机等。

(二)材料

1. 聚苹果酸发酵液

采用产聚苹果酸高产菌株(出芽短梗霉 *A. pullulans* CCTCC M2012223)接种发酵，在 50L 发酵罐中装料 30L，发酵 4d 后终止发酵，发酵液备用。

2. 超滤膜清洗剂配制

(1)将 1%多聚磷酸钠、0.2%SDS 和 0.3%EDTA 钠盐混合均匀，用氢氧化钠调 pH 至 10~11。

(2)1%左右柠檬酸，调节 pH 至 2~3。

四、实验步骤

(一)超滤操作

此次实验采用合肥世杰膜生产的超滤膜设备。将含聚苹果酸的发酵料液加入到贮罐中，打开阀门，启动辅泵，待辅泵运行稳定后启动主泵，通过调节阀门 V22 的开启度来控制系统的过滤操作压力，调节冷却水的流量来控制系统的过滤操作温度。过滤过程中超滤膜组件渗透侧阀门要打开，让渗透液流到指定位置。超滤时还需分别检测渗透液和原液中的聚苹果酸含量，并可通过添加少许去离子水稀释原液，当原液中聚苹果酸完全透出后，过滤工作结束，准备清洗。

(二)清洗步骤

(1)漂洗超滤膜组件：将贮罐中加满常温纯水，依次打开阀门，循环 2~3 次则漂洗结束。

(2)碱液清洗：将用纯水配制好的碱液清洗液加入贮罐 B 中，打开阀门，漂洗 30min。

(3)纯水冲洗：对膜组件循环冲洗 2~3 次，使最后冲洗水接近中性(pH6.5~7.5)。

(4)酸液冲洗：将配制好的酸性清洗液加入贮罐中，打开阀门，漂洗 30min。

(5)纯水冲洗：对膜组件循环冲洗 2～3 次，使最后冲洗水接近中性。

(6)保存液保存：将配制好的杀菌液加入清洗罐中，开启辅泵，将杀菌液泵入膜装置中，循环 10～20min 后停泵，关闭膜组件的进出口阀，将杀菌液封存在超滤膜组件内。

五、工艺控制点

膜过滤过程的膜通量变化、料液浓度及膜压力变化的关系。

六、注意事项

注意膜运行过程中的系统压力变化，若压力过高，请立刻停止使用并清洗。

【思考题】

(1)膜分离设备操作的主要特点及注意事项有哪些?

(2)影响膜分离通量下降的主要因素有哪些?

实验六　高速逆流色谱法分离雷帕霉素

一、实验目的

了解和掌握高速逆流色谱技术用于复杂次级代谢产物的分离和纯化。

二、实验原理

高速逆流色谱技术(high-speed counter-current chromatography，HSCCC)是基于流体动力学原理而开发的一种新兴无固体载体可连续进行的高效液－液分配色谱技术。该技术已成功应用于多种天然药物及活性成分分离，并逐渐开始在微生物发酵生产高附加值药物的分离过程中使用。

雷帕霉素(Rapamycin)又称为西罗莫司(Sirolimus)，主要由发酵法生产，现已被开发成为强效免疫抑制剂应用于临床。本实验以雷帕霉素发酵粗提物为对象，确立适宜的快速分离雷帕霉素的溶剂系统，利用 HSCCC 技术从发酵液中分离雷帕霉素产品[8]。

三、实验材料

(一)仪器

TBE-300A 高速逆流色谱仪，高效液相色谱仪，RE-52A 旋转蒸发仪和烘箱等。

(二)材料

1. 雷帕霉素发酵液

采用吸水链霉菌(*Streptomyces hygroscopicus* FMT11)发酵制备得到。

2. 耗材

本实验所有的提取分离试剂均为分析纯：正己烷，石油醚(沸点 60～90℃)，乙酸乙酯，无水乙醇和丙酮等。

四、实验步骤

(一)雷帕霉素发酵粗提物的制备

以吸水链霉经 15L 发酵罐发酵，获得雷帕霉素发酵液；离心收集菌体细胞，加入丙酮萃取三次，减压浓缩后，再加入乙酸乙酯萃取两次，静置分层取有机相；萃取液经活性炭脱色后，减压浓缩得雷帕霉素粗提取物。

(二)HSCCC 溶剂分配系数的测定

按照各溶剂体系的溶剂比例，配制上下相溶液。取各体系的上下相各 5mL 于试管中，加入适量的雷帕霉素粗提物，超声 5min 后振荡摇匀，静置分层并分别取上下相各 10μL 用高效液相色谱测试，计算出分配系数 K。分配系数 K 为溶质在固定相(上相)中的质量浓度 C_u同溶质在流动相(下相)中的质量浓度 C_L之比。

(三)溶剂体系和样品溶液的制备

取 5L 的分液漏斗，配制正己烷－乙酸乙酯－乙醇－水(7∶5∶5∶5，V/V)两相溶剂体系，充分振荡摇匀，室温密闭静置过夜。使用前分别取上下相，用超声脱气 30min，其中上相为固定相，下相为流动相。取适量粗提物样品，在超声条件下溶解于 10mL 下相中，备用。

(四)HSCCC 分离方法

在恒温水浴温度为 25℃条件下，以 30mL/min 的流速泵入固定相，待固定相充满聚丙烯管路并流出约 30mL 时，打开主机电源开关，调整转速至 800r/min，开机正转达到设定转速时，以 2mL/min 的流速泵入流动相。当流动相从主机流出时，取 100mg 粗品超声溶解于 10mL 下相中，进样，检测波长为 280nm。按下式计算固定相保留率：

$$固定相保留率=(V_{总}-V_{出})/(V_{总}-V_{环})$$

式中：$V_{总}$为管路总体积；$V_{出}$为流动相推出的固定相体积；$V_{环}$为进样环体积。

经过 270min 的分离后收集产物，确定从菌丝体初提物中一步纯化得到雷帕霉素和杂质的比例，并计算雷帕霉素纯化回收率。

(五)HSCCC 分离成分的分析与鉴定

采用日立高效液相色谱仪对高速逆流所获的雷帕霉素组分进行纯度分析。色谱柱为大连依利特 BDS C18 柱(4.6mm×250mm，5μm)，流动相为甲醇∶水(75∶25，*V/V*)，流速为 1mL/min，柱温 40℃，检测波长为 277nm。

五、工艺控制点

溶剂系统的选择是 HSCCC 分离过程中至关重要的步骤，HSCCC 溶剂体系需满足样品的溶解度较高、固定相保留率较高(大于 50%)、样品不变性和样品在溶剂体系中具有合适的分配系数等条件。

六、注意事项

注意 HSCCC 系统的流速控制对雷帕霉素产物分离的影响。

【思考题】

(1)如何确定 HSCCC 系统的溶剂分配系数?
(2)提高溶剂分配系数的因素有哪些?

实验七 真空冷冻干燥法制备桑黄多糖冻干粉

一、实验目的

了解和掌握真空冷冻干燥法制备生物活性物质的冻干方法。

二、实验原理

桑黄多糖是药用真菌桑黄发酵产生的活性多糖，无毒无副作用，具有多种药理活性，尤其是具有较强的抗癌和提高免疫力等功效[9]。真空冷冻干燥过程在低温、低压下进行，且水分直接升华，因此赋予了冻干产品很多特殊的性能。真空冷冻干燥技术适用于热敏性药物或活性产物，能够避免药物发生变性或失活。冷冻干燥过程一般分为预冻、升华干燥和解吸干燥，冻干过程中的每个步骤均会影响到冷冻干燥的效果和冻干产品的质量。

本实验将从桑黄发酵菌丝体中提取得到桑黄多糖，采用冷冻干燥技术制备桑黄多糖冻干粉，并评价冻干样品的质量。

三、实验材料

(一)仪器

PiloFD中试冷冻干燥机，RE-52A旋转蒸发仪，SHB循环水式多用真空泵和恒温振荡器ZD-85等。

(二)材料

桑黄多糖提取物，乳糖和蔗糖等。

四、实验步骤

(一)桑黄多糖提取

用热水浸提桑黄菌丝体多糖，发酵结束后将菌丝体用蒸馏水清洗干净，再用均浆机将菌丝均浆。按一定比例(菌丝体∶水=1∶20，*M/V*)加水，在80～90℃条件下提取胞内多糖。热水浸提后，以5000r/min转速离心15min得到上清液，向其中加入三倍体积乙醇得到沉淀，再离心取多糖沉淀。将多糖定容后用硫酸苯酚法检测多糖含量。

(二)预冻温度

取2mL桑黄多糖提取液于10mL的西林瓶中，放入冻干机中冻干，然后插入探头，依法按程序降温，记录样品温度随时间的变化情况并绘制降温曲线。

(三)预冻时间

将三个装有2mL多糖样品的西林瓶放入冻干机中，采用快速预冻的方式，设定预冻时间分别为2h、4h和6h。以外观、再分散性和粒径为指标，考察不同预冻时间对冻干产品质量的影响，从而确定最佳预冻时间。

(四)干燥时间

将三个装有2mL多糖样品的西林瓶放入冻干机中，采用快速预冻的方式，预冻时间为4h，设定干燥时间分别为24h、36h和48h。以外观、再分散性和干燥失重为指标，考察不同干燥时间对冻干产品质量的影响，从而确定最佳干燥时间。

(五)冻干效果考察

考察指标如下：

(1)样品外观：以能保持原液体积不变，不塌陷，不萎缩，表面光洁、色泽均匀且质地细腻者为佳。

(2)再分散性：取冻干样品一支，并加入2mL蒸馏水，轻轻振摇使其分散，以分散时间短且能得到均匀的多糖悬液者为佳。

五、工艺控制点

冷冻干燥过程的预冻温度、预冻时间和干燥时间的选择。

六、注意事项

预冻方式是冷冻干燥过程中的一个重要参数，对产品的质量有重要影响。预冻方式一般分为慢冻和速冻两种，慢冻是指将样品放入冷阱后再开始降温，这样样品的降温速度较慢；速冻是指将冷阱温度降至最低后，再将样品放入箱中预冻，以实现样品的快速降温。

【思考题】

(1)冷冻干燥技术的主要控制因素有哪些?
(2)影响桑黄多糖冻干粉产品质量的因素有哪些?

第二节　微生物制药工艺

实验八　庆大霉素的摇瓶培养与效价检定

一、实验目的

掌握微生物产生的抗生素庆大霉素的摇瓶发酵及生物效价测定方法。

二、实验原理

1. 庆大霉素简介

庆大霉素是一种典型的氨基糖苷类抗生素，它由绛红小单孢菌(*Micromonospora purpura*)与棘状小单孢菌(*Micromonospora echinospora* Var. Purpurea)产生，包括庆大霉素 C_1、庆大霉素 C_2 和庆大霉素 C_{1a}三种主要组分，三者都是由脱氧链霉胺、紫素胺和 *N*-甲基-3-去氧-4-甲基戊糖胺缩合而成的甙，其结构式如图 2-2 所示。

庆大霉素最先于 1963 年由美国先令公司 Weinstein 等人发现，于 1969 年由中国王岳等人研制成功，并取名庆大霉素，现主要由中国和韩国生产。临床上庆大霉素主要用于败血症、尿路感染、呼吸道感染、烧伤感染以及新生儿脓毒症等疾病，其副作用主要是对耳肾有一定毒性。本实验通过在摇瓶中培养工业微生物获取抗生素，并利用生物效价法检定发酵单位，让参与实验的同学对工业生物制药过程有一个更为直接的了解。

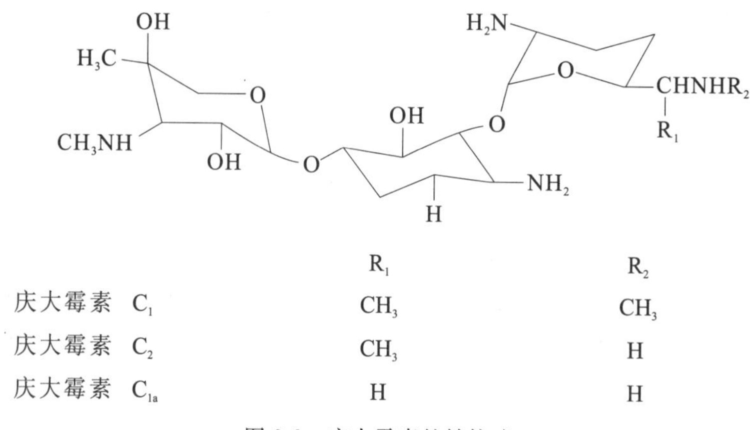

	R_1	R_2
庆大霉素 C_1	CH_3	CH_3
庆大霉素 C_2	CH_3	H
庆大霉素 C_{1a}	H	H

图 2-2 庆大霉素的结构式

2. 生物效价测定

本实验将采用摇瓶法进行庆大霉素的发酵，即将有限培养基装入摇瓶，经密封灭菌后接入种子液，并放入摇瓶机培养至放瓶，这个过程属于典型分批发酵模式，由于这种工艺比较简单，因此抗生素发酵经常采用这种方式。但是这种工艺的缺陷也比较明显，例如，发酵周期短、菌量偏低，最终导致产量不高，因此多数情况下该工艺会被分批补料的培养方式代替。

抗生素的产量有两种衡量方式，一种是测定某种特定化学组分的含量，可以通过常规的仪器和分析手段(如 HPLC 等)来获得其数值。另外一种是测定抗生素的生物活性，又称为抗生素的效价，可以利用抗生素对特定的微生物具有抗菌活性的原理来检定。管碟法是目前抗生素效价测定的国际通用方法。管碟法是根据抗生素在琼脂平板培养基中的扩散渗透作用，分别测定标准品和待测样本两者对试验菌的抑菌圈大小，从而计算待测样本的效价。

管碟法是在含有高度敏感性试验菌的琼脂平板上放置小的不锈钢钢管(牛津杯，内径 6.0mm±0.1mm，外径 8.0mm±0.1mm，高 10mm±0.1mm，重量差异不超过±0.05g)，管内放入标准品和待测样本的溶液，经过 16～18h 恒温培养，当抗生素在菌层培养基中扩散时，以牛津杯为中心会形成抗生素的浓度梯度，即扩散中心浓度高而边缘浓度低。在抗生素浓度达到或超过抗生素最低抑制浓度的区域，试验菌就被抑制而不能繁殖，从而呈现出透明的无菌生长区域，该区域一般为圆形，称为抑菌圈。根据扩散定律的推导，抗生素效价的对数值与抑菌圈直径的平方成线性关系，因此通过测定抗生素标准品与待测样本的抑菌圈大小，可计算出样本中抗生素的效价。

常用的管碟法有：一剂量法、二剂量法和三剂量法，2010 版中华人民共和国药典附录 XI 收录了后两种方法作为效价检定的标准方法[9]。二剂量法是将抗生素标准品和待测样本各稀释成一定浓度比例(2∶1 或 4∶1)的两种溶液，在同一平板上比较其抗药活性，再根据抗生素浓度对数和抑菌圈直径成直线关系的原理来计算供试品效价。取含菌层的双层平板培养基，每个平板表面放置 4 个小钢管，管内分别放入待测样本高、低剂量和标准品高、低剂量溶液。先测量出四点的抑菌圈直径，然后按下列公式计算出检品的效价。

$$\lg\theta = \lg K \times \frac{(UH + UL) - (SH + SL)}{(UH + SH) - (UL + SL)} = \lg K \times \frac{V}{W}$$

$$Pr = Ar \times \theta$$

式中，UH、UL 分别代表待测样本高、低剂量的抑菌圈直径；SH、SL 分别代表标准品高、低剂量的抑菌圈直径；$I = \lg K$ 代表高剂量与低剂量之比，按照开始稀释倍数取 lg2 或者 lg4；Ar 和 Pr 分布代表标准品效价标示值与待测样本的实际效价。

三、实验材料

(一)仪器

超净工作台，恒温摇床，恒温培养箱和显微镜等。

(二)材料

1. 菌种与保存

庆大霉素摇瓶发酵所用的菌种为棘孢小单孢菌或绛红小单胞菌，菌种放置在冻干管中，并于−20℃冰箱中保存。效价检定菌株为短小芽孢杆菌［CMCC(B)63202］。

2. 培养基

1)斜面培养基

用可溶性淀粉(10g/L)，$MgSO_4 \cdot 7H_2O$(0.5g/L)，硝酸钾(1.0g/L)，磷酸氢二钾(0.5g/L)，硫酸铁(0.1g/L)，琼脂(16～20g/L)和去离子水配制，消前调 pH7.5～7.8。

2)种子培养基

用黄豆饼粉(25g/L)，葡萄糖(30g/L)，硝酸钠(2g/L)，明胶(1g/L)，碳酸钙(6g/L)和自来水配制，消前调 pH6.7～7.0。

3)发酵培养基

用黄豆饼粉(35g/L)，蛋白胨(5g/L)，淀粉(65g/L)，淀粉量为 0.1%的淀粉酶，$FeSO_4 \cdot 7H_2O$(0.075g/L)，$CoCl_2 \cdot 6H_2O$(0.010g/L)，氯化钠(0.070g/L)，碳酸钙(4g/L)和自来水配制，消前调 pH7.0～7.2。

4)效价检定培养基(g/L)

用蛋白胨(6g/L)，牛肉浸膏(1.5g/L)，酵母浸膏(3g/L)，葡萄糖(1.5g/L)，琼脂(18～23g/L)和自来水配制，消前调 pH8.0～8.2，再于 0.08MPa、115℃条件下灭菌 30min。

四、实验步骤

(一)庆大霉素发酵

1. 种子培养

在摇瓶中按 10%的装量装入种子培养基，于 121℃条件下灭菌 20min。灭完菌后，在超净台上斜面挖块接种至 25mL 种子培养基中，再置于摇床上于 34℃条件下培养 34h，摇床转速为 220～240r/min，最后以菌体呈网状作为是否结束培养的依据。

2. 发酵摇瓶培养

在摇瓶中按 10%的装量装入发酵培养基，于 121℃条件下灭菌 20min。灭完菌后，在超净台上按 10%的比例接入种液，再置于摇床上于 34℃条件下培养 5d，摇床转速为 300r/min。

3. 放瓶

培养结束后，将摇瓶从恒温摇床上取下，仔细观察发酵液的各项形态(尤其注意颜色和黏度的变化)，轻嗅摇瓶中发酵液的气味，并做详细记录。用竹签蘸取少量发酵液涂于玻片上，并用美兰染料染色，将制好的的涂片放在显微镜下观察，分别记录使用高倍镜与油镜观察到的菌体形态。取发酵液 9mL 置于大试管中，再向其中加入 1mL 浓度为 8mol/L 的浓硫酸溶液，处理 30min 后用滤纸过滤，所得滤液经过中和处理可用于效价测定。

(二)抗生素效价测定

1. 菌悬液制备

取培养好的短小芽孢杆菌斜面，用 10mL 无菌水将芽孢洗下，制成芽孢悬液。振荡悬液前容器内需预先放置若干玻璃珠，以便在振荡悬液的同时打散其中的团块。振荡时间为 10～15min，完成后将菌液置于 4℃冷藏箱保存备用。实验菌液是将此浓菌用无菌水液稀释到无菌容器中，再冷藏箱保存备用。

2. 平板制备

用灭菌大口吸管吸取 20mL 已融化的效价测定培养基至预先灭菌的双碟内，使底层摊布均匀，盖上专用的陶制瓦盖，待平板凝固后再继续下一步操作。在下层平板降温凝固的同时，可以取出准备好的实验菌液，按照预试好的加菌量，加入已融化并放在水浴中保温的部分效价测定培养基中。这部分培养基温度必须低于 65℃，以免杀死实验用微生物。下层凝固后，用灭菌大口吸管吸取 5mL 菌层测定培养基于下层培养基上，使其摊布均匀，并放置 20～30min，待其完全凝固即可用于效价测定。

3. 牛津杯放置

牛津杯每次使用前都需置于 150～160℃烘箱中干热灭菌 2h 及以上，然后在洁净区冷却至常温。平板准备好后，可用无菌镊子夹取牛津杯放置在培养基上，期间一定要轻柔，以免在平板表面压出印痕。相应剂量的牛津杯对角放置，放置完毕后，应使双碟静置 5～10min，待牛津杯在柔软的培养基表面沉降稳定后，再开始滴加抗生素溶液。

4. 加样

将标准品与待测样品按照预试好的稀释率稀释后，再分别以 2∶1 或 4∶1 的比例稀释低剂量以获得二剂量法所需的低剂量溶液。使用毛细滴管将各抗生素溶液加入到牛津杯中(一种溶液使用一支毛细滴管以免交叉污染)，注意加样必须迅速以避免扩散时间不同影响测定结果。加样后液面必须与管口平齐，不可凸起或凹陷，并注意避免气泡混入，保证每个双碟中四只牛津杯的加液量一致。为了确保实验结果，每个待测样本最好做三个双碟。加完抗生素后，用陶制瓦盖覆盖双碟，平稳置于双碟托盘中，再置入恒温培养箱内培养，设置温度为 37℃。

5. 结果检测

双碟在恒温培养箱中孵育 16h 后可取出，此时应该能够看到明显的抑菌圈。使用游标卡尺测量各抗生素溶液对应的抑菌圈大小，再用二剂量法相关公式计算待测样本的生物效价。

五、工艺控制点

为了获得准确的检定结果，试验中抑菌圈直径不应该过大或者过小。该直径主要与原菌液的稀释度、抗生素溶液稀释比例以及效价检测平板配比等因素有关。所以在试验之前，可以先做关于用不同浓度菌液配制的琼脂培养基菌层和不同效价抗生素溶液的预试验，最后选择抑菌圈直径在 18～22mm 的菌液浓度为试验用浓度(菌液浓度约为106 个/mL)。

六、注意事项

(1)管碟法测定抗生素效价对于操作要求较高，因此试验中必须仔细谨慎，严格遵守操作规范，才可以得到准确的检测结果。

(2)效价检定由于对无菌性要求不高，并不一定要在洁净工作台上操作，可以考虑设置一间半无菌室，每次使用前用苯扎溴铵溶液擦拭各种工作表面并用紫外灯消毒封闭空间 30min。由于要求效价检定平板厚度均一，铺设平板的工作台面必须保证水平，可以考虑使用一块足够大的玻璃平板置于桌面上，并用水平仪校准。

(3)试验中如果加注的培养基温度太低，就容易过早凝固导致内部结块，甚至在加注到双碟时不能及时铺开，这样培养基表面为非水平面，会给试验带来误差。这种现象在冬季尤其值得注意，可以通过用取暖器加热室内温度来缓解。此外，加注下层培养基之后，不应立即给双碟加盖，因为高温时培养基会形成大量的水蒸气，水蒸气在双碟盖上凝集并滴落在已经凝固好定的培养基底层上，会影响菌层培养基的加注。

(4)放置牛津杯时，需要注意管间距，否则间距过小会引起相邻的两个样本的抗生素形成畸形抑菌圈。同理，由于边缘的培养基并非平面，如果牛津杯距离边缘过近也会影响抑菌圈的形状。

(5)滴加抗生素要按照 $SH \rightarrow UH \rightarrow SL \rightarrow UL$ 的顺序滴加。滴加了抗生素溶液后的双碟忌震动，要轻拿轻放，建议使用专门的托盘，待加样完成后直接连托盘一起放入培养箱。双碟在 37℃下孵育时间一般控制在 16h，时间太短抗生素尚未完全扩散无法形成明确的抑菌圈边缘，时间太长则会使抗生素抑菌效果下降，使得抑菌圈缩小。

【思考题】

(1)什么是抗生素的效价？抗生素效价能否等同于抗生素的物质浓度？测定抗生素效价对于生物药物的研发与应用有何意义？

(2)影响抗生素在效价检定培养基中扩散的影响因素有哪些？

(3)庆大霉素摇瓶培养放瓶时，摇瓶中发酵液性状与接种时有哪些差异？

实验九　黏质沙雷氏菌的分批补料培养

一、实验目的

(1)初步接触发酵罐，了解发酵罐的基本结构和操作方法。

(2)了解常见的在线与离线参数的意义，学习在发酵过程中如何利用这些参数进行调控。

(3)了解分批补料生产工艺，知道如何通过适当补料获得更高的菌体密度与产量。

二、实验原理

本实验以黏质沙雷氏菌(*Serratia marcescens*)为实验对象，在小型反应器中对其进行分批补料的培养。分批补料是一种介于分批培养和连续培养之间的微生物培养方式，其特点是在分批发酵过程中，间歇或连续地以某种方式向培养系统中补加一定物料，但不从发酵系统排出发酵液，使得发酵体积随着发酵时间的增加而逐渐增加。目前，这种技术在整个发酵行业利用最为广泛，也是生物制药行业不可或缺的一种培养方式。

本实验使用的微生物为黏质沙雷氏菌，这是一种产生鲜红色素的细菌，存在于空气和水中，可生长在动物性和植物性食品中。黏质沙雷氏菌是最小的细菌之一，约 $0.5\mu m \times (0.5 \sim 1.0)\mu m$。该菌为革兰氏阴性短杆菌，周生鞭毛，无芽孢，无荚膜，能运动。菌落在室温下呈红色，表面光滑，圆形凸起呈金属光泽，边缘不整齐，黏稠状并伴有轻微异味。黏质沙雷氏菌兼性厌氧，可在厌氧环境生长，但不产色素，其最适氯化钠浓度为0.5%，最适 pH 为 7.0 左右[10~12]。

约半数黏质沙雷氏菌能产生红色的灵菌红素(Prodigiosin)，而灵菌红素具有抗肿瘤、免疫抑制和抗菌等多种生物活性，其分子结构如图 2-3 所示。

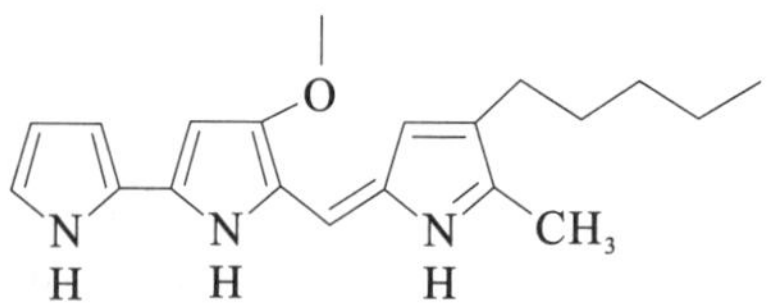

图 2-3　灵菌红素的分子结构式

灵菌红素的研究始于美国，而后在欧美一些发达国家有了长足的发展，研究主要涉及灵菌红素的化学合成及生物合成，产灵菌红素菌株的选育以及发酵条件的优化，此外，对灵菌红素的临床应用及其作用机制也做了大量研究。

灵菌红素发酵采用了分批补料的发酵工艺，与常规的分批工艺相比，该工艺可以解除底物的抑制、产物的反馈抑制和分解代谢物的阻遏作用，因此有望获得更高的菌体浓度与产物浓度。此外，对于存在溶氧限制的过程，该工艺可以避免在分批发酵中初期投入营养物质过多导致细胞大量生长，耗氧过快导致通风搅拌设备不能满足供氧需求的状况。

本实验将对分批补料工艺对于发酵过程的影响进行研究。

三、实验材料

(一)仪器

灭菌锅，超净工作台，恒温摇床，恒温培养箱，发酵罐，蠕动泵，显微镜，天平，分光光度计，离心机和 pH 计等。

(二)材料

1. 菌种与保存

灵菌红素发酵所用的菌种为黏质沙雷氏菌，一般置于－20℃的冰箱中用冻干管保存。该菌种可以从自然界分离，也可从菌种保藏机构购买，但必须保证该菌具有产生红色色素的能力。

2. 培养基

①平板和斜面培养基：用 0.5%牛肉膏，1%蛋白胨，2%琼脂粉，0.5%氯化钠和自来水配制，并调节 pH7.2～7.5。

②基础发酵培养基：用 0.25%蔗糖，1.5%蛋白胨，0.5%氯化钠，0.25%无水氯化镁，0.5% Tween80 和自来水配制，并调节 pH 7.2～7.5。

③补料培养基：相对于发酵体积补加 2%蔗糖，1%吐温，并调节 pH7.2～7.5。

四、实验步骤

(一)黏质沙雷氏菌发酵

1. 发酵罐灭菌操作

由于可能出现严重的起泡现象，所以发酵罐中初期装量控制在 60%左右为宜。按照配比配制好基础发酵培养基后，调整 pH 为 7.2～7.5，然后加入发酵罐内。按照操作规程对发酵罐进行包扎后，将罐置于灭菌锅中，在 121℃条件下灭菌 30min。为了保证罐内空气全部排空，初期排空时间可以适度延长。以上操作仅针对小型反应器，对于较大的反应器，可以直接向罐内通入高温蒸汽灭菌。灭菌结束后，连接气路通入无菌空气维持罐内正压，同时连接冷却水回路对罐内培养基进行降温处理，并接通搅拌电机电源开始搅拌以加强换热效果。在培养基降温的同时，连接发酵罐上的温度、溶氧浓度和 pH 等传感器，打开发酵罐的监控软件，做好进罐准备。待补加的培养基和消泡剂在使用前也需要预先灭菌。

2. 发酵罐接种操作

取 2 环斜面保存的菌种，接种于装液量为 50mL 的 250mL 锥形瓶中，在 29℃和 160r/min 的条件下培养 24h 后，作为种子按 10%的接种量接于发酵罐内预先灭菌的发酵培养基中，再于 29℃下培养 48h，期间调整转速以控制发酵罐内溶氧浓度在 30%及以上。

3. 分批发酵培养

从分批发酵的结果来看，黏质沙雷氏菌初期生长非常旺盛，4～24h 为该菌的对数生长期，此后逐渐转入次级代谢产生色素，约 36h 后该菌液浓度增幅减慢，进入稳定期。因此将黏质沙雷氏菌的发酵周期控制在 36～48h 较为合理，同时补料点选择在培养 30h 后。本实验中的实验方案将比较两种补料模式，一种是在补料点将所有培养基一次性从接种口倒入反应器，另一种则是采用流加方式在 8～10h 内将所有补料补完。参加实验的同学需详细记录过程参数，并在发酵结束后进行集体讨论。

发酵结束后，发酵液需做无害化处理才能排入下水道，罐体清洗后空消备用。

(二)参数检测

1. 在线参数记录

目前发酵罐上的常见在线参数包括溶氧浓度(DO)、酸碱度(pH)、温度和罐压等。在实验过程中，需了解这些在线参数的意义并做好定期记录。

2. 离线参数测定

参加实验的同学将模拟工厂的五班三运转模式参与发酵罐的日常操作，每日分为三班，每班 8h。每个班次当值的同学除了监控过程的溶氧变化并及时调整转速外，还应按需添加消泡剂，定时从罐上取样并进行相关测定。

待测定的离线参数主要有发酵液 pH、OD、残糖量以及产物浓度等。发酵液 pH 直接用 pH 计测定。发酵液 OD 则是取 1mL 发酵液，用无菌水稀释若干倍后振荡摇匀，测定其在 600nm 处的吸光度，即 OD600。为了使结果更加准确，一般将稀释后的 OD 控制在 0～1。残糖量使用葡萄糖电极或葡萄糖试剂盒直接测定。测定产物浓度可使用比色法：取发酵液 1mL，加入 9mL 酸性甲醇(pH3.0)，剧烈振荡 5min 破碎菌体后，再离心(10000r/min，10min)弃细胞碎片，最后测上清液在 534nm 处的吸光度并做好记录。

3. 结果讨论

实验结束后，将所有记录的数据汇总，由实验指导教师组织开展实验讨论，探讨发酵罐上各种在线/离线参数的相关性以及不同的补料工艺对微生物代谢带来的影响。

五、工艺控制点

分批补料开始的时间点是整个工艺的关键，补料太早可能造成菌体生长过旺以致次级代谢无法启动。前文建议的补料时间点仅供参考，并且由于菌种存在差异，这个时间点必须根据前期分批培养的结果进行调整，但原则上分批补料往往选在微生物转入次级代谢后开始。同时，需监控体系内的营养物质，并尽量保证菌体处于半饥饿状态，这样对次级代谢产物的合成才最有利。

六、注意事项

(1)黏质沙雷氏菌带有较弱的致病性，因此在实验过程中要特别注意生物安全性——忌饮食，勤洗手。如果发现身体状况有异样的情况要立即报告。

(2)发酵罐灭菌涉及高温、高压，必须严格遵守操作规程进行，避免烫伤。

(3)黏质沙雷氏菌发酵过程中，后期发酵泡沫相当多，即使加入消泡剂可能都难以阻止泡沫积累，此时可以考虑暂时牺牲溶氧浓度，待泡沫稳定了再提高通气量和加大搅拌转速。

【思考题】

(1)分批补料工艺有何特点？同分批过程相比优势何在？

(2)补料对于发酵液的溶氧和酸碱度等理化性质有何影响？为什么？

(3)为何在黏质沙雷氏菌补料培养基中，使用的都是可做碳源的物质而没有补加氮源？

实验十　黑曲霉生产葡萄糖酸钠

一、实验目的

(1)探讨利用黑曲霉生产葡萄糖酸钠的实验过程，了解其中生物量、底物和产物浓度之间的相互关系。

(2)对过程进行经济技术分析，即通过对过程转化率与成本的计算来评价过程的经济性。

二、实验原理

微生物在生物制药领域的应用不仅仅局限于抗生素的生产，某些情况下还被用于对现有化合物进行改造。在特有的酶系催化下，微生物能够实现一些常规化学手段无法或难以实现的转化。本实验以黑曲霉为实验对象，利用其产生的葡萄糖氧化酶生产葡萄糖酸钠。

黑曲霉对于酶制剂工业生产是一个相当重要的菌种，在其发酵过程中可以产生多种酶类，例如，葡萄糖氧化酶、果胶酶，以及纤维素酶等，其中葡萄糖氧化酶可以将葡萄糖转化为葡萄糖-δ-内酯，并进一步水解得到葡萄糖酸。在外源添加氢氧化钠维持 pH 的条件下，黑曲霉能将体系内 95％及以上的葡萄糖转化为葡萄糖酸钠。葡萄糖酸钠是一种易溶于水的多羧基钠盐，具有良好的螯合特性，无毒且能够生物降解，因此被广泛用于食品、医药、化工及建筑等行业[13~15]。

经济技术分析是工业项目从立项之初就要开展的一项评估工作，也是项目可行性分析的重要组成部分。经济技术分析的基础是过程的物料衡算，即列出所有进出系统的物料流及其通量，并计算产生单位质量产物所需消耗的各种物料量。如果在物料衡算中结合各种原料的成本，就能简单估算该步转化涉及的成本。

三、实验材料

(一)仪器

灭菌锅，超净工作台，恒温摇床，恒温培养箱，发酵罐，蠕动泵，电子秤，空压机，蒸汽发生器，显微镜，天平，分光光度计，离心机，pH 计，恒温水浴锅和高效液相色谱仪。

(二)材料

1. 菌种与保存

葡萄糖酸钠生产所用的菌种为黑曲霉(*Aspergillus niger*)。

2. 培养基

(1)斜面培养基：用 64g/L 葡萄糖，5g/L 碳酸钙，0.02g/L 硫酸镁，0.11g/L 磷酸二氢钾，0.18g/L 尿素，0.96mL/L 玉米浆，20g/L 琼脂和自来水配制，并调节 pH 为 6.5~7.0。

(2)发酵培养基：用 270g/L 葡萄糖，0.18g/L 硫酸镁，1g/L 磷酸氢二铵，0.41g/L 磷酸二氢钾，0.18g/L 尿素，0.29g/L 玉米浆，0.47g/L 麸皮及消泡剂适量和自来水配制，调节 pH 为 7.8，并在 115℃条件下灭菌 15min。

四、实验步骤

(一)黑曲霉种子制备

使用接种环将黑曲霉孢子以画线法接入茄形瓶中，并将茄形瓶斜面置于 35℃培养箱中培养 2～3d。用 100mL 的无菌水清洗斜面获得菌悬液，取适量菌悬液至种子发酵罐，控制溶氧浓度不低于 50%，发酵温度设定为 35℃，并用浓氢氧化钠溶液调节 pH 为 5.5。种子培养时间为 12～20h，移种标准可以是葡萄糖氧化酶(GOD)酶活达到 400U/mL 时，也可以是尾气信号当摄氧率(OUR)升至最高点时。培养好的种子液按照 13%～15%的接种量接入发酵培养基，发酵温度设定为 38℃，并用浓氢氧化钠溶液调节 pH 为 5.5。当体系内溶氧浓度上升至 90%及以上时，说明体系内残糖浓度低，达到放罐标准。

(二)参数检测

1. 参数记录

参加实验的同学将模拟工厂的五班三运转模式参与发酵罐的日常操作，即每日分为三班，每班 8h。每个班次当值同学除了监控过程的溶氧浓度变化、及时调整转速及按需添加消泡剂外，更需定时从罐上取样并进行相关测定。待测定的离线参数主要有发酵液的 pH、葡萄糖浓度及产物浓度。

2. 参数分析

发酵液的 pH 直接用 pH 计测定。

生物量采用固形物含量(PMV)表征：取发酵液 10mL，离心 10min 后测定上清液体积，发酵液总体积减去上清液体积与总体积的比值即为 PMV。

葡萄糖浓度使用 DNS 法比色测定：将 7.5g 3，5-二硝基水杨酸和 14.0g NaOH 充分溶解在 1000mL 水中，再加入 216.0g 酒石酸钾钠、5.6mL 苯酚(预先在 50℃水浴中熔化)和 6.0g 偏重亚硫酸钠，充分溶解后盛于棕色瓶中，即配制得 DNS 试剂，注意该试剂放置 5d 后才可使用。稀释样品使其葡萄糖浓度介于 0.1～1.0mg/mL，取稀释后的糖液 1.0mL 于 25mL 刻度试管中，加入 2.0mL DNS 试剂，沸水煮沸 2min，冷却后补水至 15mL 刻度线，并在 540nm 波长下测定吸光度。利用预先测定的 DNS 标准曲线计算吸光度对应的葡萄糖浓度。

葡萄糖酸钠浓度用高效液相色谱法测定，检测器为紫外检测器，检测波长为 210nm，色谱柱为反相 C18 柱(4.6mm×250mm)，流动相为甲醇：水：1%磷酸=2：48：50(V/V)，流速为 1.0mL/min，柱温为 25℃，进样量为 15μL。

数据测定完毕后，将结果记录在记录本上以供未来讨论之用。

(三)经济性分析

实验结束后汇总所有的记录数据，由实验教师组织讨论实验结果，计算各组的葡萄糖转化率，并结合过程曲线分析转化率差异的存在原因。

参与实验的同学需自行查找相关价格信息，对过程进行物料衡算以获得现有收率下每千克葡萄糖酸钠所需的原料成本，实验教师可组织讨论如何进一步降低生产成本。

五、工艺控制点

葡萄糖酸钠属于低价值的生物产品，这也就意味着成本核算对于生产该产品的企业至关重要。可以看出，为了尽量降低成本，生产企业应将注意力集中在缩短产品生产周期上。无论是加大接种量还是对种龄的选择都体现出这一点。由于菌种存在差异，因此必须对种龄进行优化。在没有尾气监控的条件下，可以通过测定 GOD 何时达到 400U/mL 时来获得最佳的种子。

六、注意事项

由于该生物转化过程会消耗氧气并放出热量，因此在培养过程中要特别注意反应器的溶氧浓度及温度，若有异常，必须迅速采取相应的应对措施。

【思考题】

(1)为什么放罐点设定在溶氧浓度反弹至 90%及以上时？
(2)在实际的工厂生产流程中，哪些因素能够提高葡萄糖的转化率？
(3)根据原料成本核算的结果，应该如何修改现有工艺以降低总成本？

第三节　基因工程制药工艺实验

实验十一　重组人胰岛素原基因的克隆

一、实验目的

(1)掌握限制性内切酶酶切的原理及其操作技术。
(2)掌握核酸片段回收纯化的操作技术。
(3)学会利用基因工程方法构建重组质粒。
(4)掌握热激法转化感受态细胞及菌落 PCR 鉴定筛选方法。
(5)了解重组人胰岛素原基因的克隆工艺。

二、实验原理

人重组胰岛素是利用重组 DNA 技术生产出来的重组人胰岛素原，经过酶切和分离纯化，获得与天然胰岛素有相似结构和功能的多肽。该多肽能够调节糖代谢，促进肝脏、骨骼和脂肪组织对葡萄糖的摄取和利用，促使葡萄糖转变为糖原贮存于肌肉和肝脏内，并抑制糖原异生，对糖尿病晚期的治疗有重要的作用。

限制性内切酶切割 DNA 是 DNA 重组过程中的关键步骤之一，成功的酶切可以为后续工作提供有效的实验材料。限制性内切酶是可以识别的 DNA 的特异序列，并可在识别位点或其周围切割双链 DNA 的一类内切酶，根据特性可分为Ⅰ、Ⅱ及Ⅲ三种类型，本实验使用其中的Ⅱ型酶对DNA分子进行切割得到黏性末端。限制性内切酶的活性以酶的活性单位表示，1个酶单位(1Unit)是指在指定缓冲液中，于37℃条件下反应60min，完全酶切1μg的纯DNA所用的酶量。在酶切反应中，DNA的纯度、缓冲液中的离子强度和Mg^{2+}等因素对反应有较大的影响，但一般可通过增加酶的用量或延长反应时间等措施达到完全的酶切。

体外DNA重组是指在含Mg^{2+}、ATP等离子的连接缓冲液中，T4 DNA连接酶将带有匹配末端的两个DNA片段连接而成的技术。T4 DNA连接酶的分子是一条多肽链，相对分子质量为60Ku(即60KDa)。在借助ATP或NAD水解提供的能量下，该酶催化DNA链的5′-PO_4与另一DNA链的3′-OH生成磷酸二酯键，连接DNA-DNA，DNA-RNA，RNA-RNA和双链DNA黏性末端或平头末端。

转化是将外源DNA分子导入到受体细胞中，使之获得新的遗传特性的一种方法。转化所用的受体细胞一般是限制修饰系统缺陷的变异株，即受体细胞不含限制性内切酶和甲基化酶(R－，M－)。在0～4℃的氯化钙低渗溶液中，大肠杆菌细胞会膨胀成球状，此时细胞膜结构发生变化，随机出现许多间隙，可允许外源DNA分子进入形成感受态细胞。转化混合物中的DNA分子形成抗DNA酶的羟基—钙磷酸复合物黏附于感受态细胞表面，经水浴热激后进入受体细胞，通过复制和表达实现遗传信息的转移，使受体细胞具有新的遗传性状，例如，氨苄青霉素耐药(Amp^+)菌株得到表达，据此即可筛选出带有外源DNA分子的阳性克隆。

三、实验材料

(一)仪器

恒温水浴箱，超净工作台，高速冷冻离心机，恒温摇床，恒温箱，PCR仪，核酸电泳仪，暗箱式紫外分析仪和移液枪等。

(二)材料

1. 培养基

(1)LB液体培养基：向10g胰蛋白胨、5g酵母提取物和10g氯化钠中加水至1L，并于121℃条件下高压灭菌20min。

(2)LB固体培养基：在LB液体培养基基础上加入1.5%琼脂粉末，于121℃条件下高压灭菌20min，待冷却至不烫手背时加入Amp抗生素至终浓度为50μg/mL，摇匀后制作固体培养基平板。

2. 耗材

(1)氨苄青霉素：将氨苄青霉素用无菌水配制成50mg/mL(需在超净台中操作)，并置于－20℃条件下保存。

(2)其他耗材：PCR产物回收试剂盒(北京艾德莱生物科技有限公司)，dNTP Mix，10×H buffer，Pfu聚合酶(上海近岸科技有限公司)，XhoⅠ限制性内切(武汉华美华科技

(集团)有限公司上海分公司)，EcoR Ⅰ限制性内切酶(武汉华美华科技(集团)有限公司上海分公司)，T4 10×buffer，T4 DNA 连接酶(上海近岸科技有限公司)，核酸染色剂，6×loading buffer，DL2000 marker，核酸电泳胶琼脂，PCRmix(含有 Taq DNA 聚合酶和 dNTP Mix，上海前尘生物科技有限公司)，灭菌甘油，灭菌水，不同型号灭菌枪头，pET32a-PINS(PINS，原人重组胰岛素基因)，*E. coli* DH5α 感受态和灭菌牙签。

3. 引物设计

1)人胰岛素原基因序列

1 ATGGCCCTGTG GATGCGCCTC CTGCCCCTGC TGGCGCTGCT GGCCCTCTGG GGACCTGACC

121 CAGCCGCAGC CTTTGTGAAC CAACACCTGT GCGGCTCACA CCTGGTGGAA GCTCTCTACC

181 TAGTGTGCGG GGAACGAGGC TTCTTCTACA CACCCAAGAC CCGCCGGGAG GCAGAGGACC

241 TGCAGGTGGG GCAGGTGGAG CTGGGCGGGG GCCCTGGTGC AGGCAGCCTG CAGCCCTTGG

301 CCCTGGAGGG GTCCCTGCAG AAGCGTGGCA TTGTGGAACA ATGCTGTACC AGCATCTGCT

361 CCCTCTACCAGCTGGAGAAC TACTGCAACTAG

2)人胰岛素原基因 PCR 扩增引物

上游引物：5′-ACGC GTCGAC ATGGCCCTGTG GATGCGCCTC－3′；下游引物：5′-CCG CTCGAG CTAGTTGCAGTA GTTCTCCAGC-3′。

四、实验步骤

(一)质粒及 PCR 扩增产物的双酶切

取两支已灭菌的 200μL EP 管，按表 2-5 和表 2-6 所述体系分别加入反应物。

表 2-5 pET 32a 体系

名称	用量/μL	名称	用量/μL
灭菌水	12.5	Xho Ⅰ	0.25
10×H buffer	2.0	pET 32a(μg/μL)	5.0
EcoR Ⅰ	0.25	总体积	20.0

表 2-6 PCR 产物体系

名称	用量/μL	名称	用量/μL
灭菌水	12.5	Xho Ⅰ	0.25
10×H buffer	2.0	PCR 产物(μg/μL)	5.0
EcoR Ⅰ	0.25	总体积	20.0

将两支EP管置于37℃恒温箱中酶切2～4h，然后各取双酶切产物2.5μL与6×loading buffer混合均匀，使用核酸电泳检测，若电泳图上呈现单一条带且与marker比较位置在大约390bp处，预示酶切彻底，达到预期目的。将上述双酶切片段使用试剂盒纯化，具体操作按试剂盒纯化说明书实行。

(二)双酶切产物连接到载体

取一支已灭菌的200μL EP管，按表2-7连接体系加入反应物，混合均匀，置于16℃水浴中连接12h。

表2-7　pET32a-PINS连接体系

名称	用量/μL	名称	用量/μL
双酶切纯化PCR产物	4.0	T4连接酶(1000U/μL)	0.5
10×T4 buffer	2.0	灭菌水	12.5
双酶切纯化pET32a	1.0	总体积	20.0

(三)DNA重组子的转化

LB固体培养基使用前需融化，待温度降至50℃左右时，加入50mg/mL氨苄至最终浓度为50μg/mL，混合均匀后倾倒平板，等待冷却凝固。在超净工作台内，取出200μL DH5α感受态菌液，向其中加入20μL连接产物。用移液枪将样品轻轻混匀，冰浴放置20min，随后在42℃条件下热激90s，再立即冰浴3min。用玻璃棒将菌液均匀涂布于Amp^+固体培养基中，在37℃条件下正放15min，待琼脂板面无液体流动，再倒放12～16h，最后观察菌落生长情况并计数、标记。

(四)菌落PCR鉴定

用灭菌牙签从上述固体培养基平板上挑取6～10个单菌落，放置于如表2-8所述的PCR反应体系溶液中作为PCR模板。

PCR程序：94℃变性1min；53℃退火45s；72℃延伸90s；最后一次延伸5min；30个循环。取5.0μL PCR产物进行核酸电泳检测，若电泳图上呈现单一条带且与marker比较位置在大约390bp处，预示转化的菌落含有目的基因。

表2-8　菌落PCR体系

名称	用量/μL	名称	用量/μL
灭菌水	13.0	上游引物(20nmol/L)	0.5
PCRmix	5.0	下游引物(20nmol/L)	0.5
菌液	1.0	总体系	20.0

五、工艺控制点

(1) 酶切过程中，限制性内切酶、质粒载体、PCR产物、温度和时间是影响酶切效果的关键因素。

(2)重组子的连接：基因片段与质粒载体的比例控制在10∶1～4∶1，连接温度不能超过16℃。

(3)DNA重组子的转化过程中，动作需轻柔，并注意热激时间(80～100s)和温度(±1℃)。

六、注意事项

(1)实验过程中必须准确、规范及严谨操作，注意正确使用灭菌枪头，并且不同样品不能混用枪头和牙签，防止样品交叉污染。

(2)在紫外灯下观察结果时，需戴防护眼镜。

【思考题】

(1)PCR原理及其引物设计要求是什么?

(2)限制性内切酶的特点是什么?

(3)重组人胰岛素原基因的克隆技术要点有哪些?

实验十二　重组人胰岛素原基因在大肠杆菌中的诱导表达

一、实验目的

(1)了解异丙基硫代-β-D-半乳糖苷(IPTG)诱导重组人胰岛素原基因表达的基本原理。

(2)掌握诱导重组人胰岛素原基因表达的技术要点。

二、实验原理

E. *coli*大肠杆菌是重要的原核表达体系。重组基因转化入大肠杆菌菌株以后，在适当温度控制下，可以诱导其基因在宿主菌内的表达，若将样品做聚丙烯酰胺凝胶电泳(SDS-PAGE)检测，可定性评估目的基因的表达。为提高外源基因的表达水平，可将宿主菌的生长与外源基因的表达分成两个阶段，以减轻宿主菌的负荷。常用的方法有温度和药物诱导，本实验采用IPTG诱导外源基因表达。IPTG作为一种诱导剂分子结合阻遏蛋白，可使蛋白构象变化，导致阻遏蛋白与操纵序列解离并发生转录。

三、实验材料

(一)仪器

超净工作台，高速冷冻离心机，恒温摇床，灭菌离心管，灭菌试管，玻璃涂布器，标记笔，电磁炉，PAGE 凝胶电泳装置，恒温水浴箱，玻璃培养皿直径 90mm，紫外可见分光光度计和加样枪。

（二）材料

（1）LB 液体培养基、LB 固体培养基和氨苄青霉素储备液（50mg/mL）（同本章实验十一材料）。

（2）IPTG 贮备液（0.5mol/L）：将 1.19g IPTG 溶于 10mL 蒸馏水中，用 0.22μm 滤膜过滤除菌，分装成 1mL/份，于－20℃保存。

（3）5×凝胶电泳加样缓冲液：将 250mmol/L Tris-Cl（pH6.8），250mmol/L β-巯基乙醇，10% SDS（电泳级），0.5%溴酚蓝和 50%甘油按比例配制。

（4）Tris-甘氨酸电泳缓冲液：将 3g Tris，14.4g 甘氨酸和 1g SDS 溶于 1L 蒸馏水，于当日使用。

（5）染色液（1L）：将 2.5g 考马斯亮蓝 R-250，50mL 甲醇，875mL 水和 75mL 乙酸按比例配制。

（6）脱色液（1L）：将 50mL 甲醇，875mL 水和 75mL 乙酸按比例配制。

（7）其他：E. *Coli* BL21 感受态，双蒸水，30%丙烯酰胺，1.5mol/L Tris-HCl（pH8.8），1.5mol/L Tris-HCl（pH6.8），10%过硫酸铵（AP），10% SDS，四甲基乙二胺（TEMED），考马斯亮蓝 R-250 和灭菌枪头。

四、实验步骤

（一）重组质粒的转化

在超净工作台内操作，取 3 管 100μL BL21 感受态菌液：1 号管加入 5μL 重组质粒，作为实验组；2 号管加入 5μL 空载质粒，作为阳性对照组；3 号管不加质粒，作为空白对照组。将 3 支 EP 管冰浴放置 20min，于 42℃下热激 90s，再立即冰浴 3min。随后全部涂布平板，然后分别标记编号，并于 37℃培养箱正放 15min，待平板面无液体流动，再倒置过夜，次日观察结果。

（二）诱导表达

1. 重组菌活化

挑取 1 号培养皿实验组两个 E. *Coli* BL21 单克隆，2 号培养皿阳性对照组一个 E. *Coli* BL21 单克隆，3 号培养皿空白对照组一个 E. *Coli* BL21 单克隆，分别挑取单菌落接种于 3mL LB 液体培养基（加入 Amp 储备液 2μL）中，扩大培养 6h。

2. 诱导表达

取上述一次活化菌以 1∶100 比例接种于 100mL LB 液体培养基（加入 Amp 储备液 100μL）中，扩大培养至 OD_{600}＝0.6～0.8。在超净工作台内分别取培养液 1mL，于 8000g 离心 2min，弃上清液得沉淀。沉淀用超纯水洗涤一次，作为诱导前样品。将 IPTG 加入到剩余菌液中，使其最终浓度为 0.5 moL/L，于 37℃条件下 200r/min 的恒温摇床中培养 5h，再取诱导后样品各 1mL 并同前面方法离心，得到的产品作为诱导后样品。

(三)SDS-PAGE 胶的制备

按照 SDS-PAGE 电泳仪说明清洗玻璃，并正确组装仪器各部分待用。按表 2-9 的配比依次加样并混合均匀，具体操作是用 1000μL 加样枪，将样品加入到两玻璃间隙里，留约 2.5cm 空隙并用水液封，再置于 37℃条件下凝固，45min 后取出倒掉上层水，最后用滤纸吸干，备用。

表 2-9　15%分离胶的组成成分

名称	用量/mL	名称	用量/mL
双蒸水	1.1	SDS(10%)	0.05
丙烯酰胺(30%)	2.5	TEMED	0.002
Tris-HCl(1.5mol/L，pH8.8)	1.3	总体积	5.000
过硫酸铵(10%，AP)	0.05		

按表 2-10 配比依次加样并混合均匀，具体操作是用 1000μL 加样枪，将样品加入到两玻璃间隙里，插入梳子，置于 37℃恒温箱或室温凝固，备用。

表 2-10　5%浓缩胶的组成成分

名称	用量/mL	名称	用量/mL
双蒸水	1.40	SDS(10%)	0.02
丙烯酰胺(30%)	0.33	TEMED	0.002
Tris-HCl(1.5mol/L，pH6.8)	0.25	总体积	2.000
过硫酸铵(10%，AP)	0.02		

(四)样品处理与电泳检测

向诱导前后共 6 个样品中加入 5×SDS 变性 buffer 30μL，吹打混合均匀后，置于沸水浴中 5min，再立即冰浴冷却 2min，然后以 12000g 离心 2min。取 5μL 上清液加入到上样孔中，将电流调至 15mA，电泳至溴酚蓝行至电泳槽下端 0.5cm 时即可停止。

上样顺序为(从左往右)——1 泳道：蛋白 Marker；2 泳道：诱导前空白对照；3 泳道：诱导后空白对照；4 泳道：诱导前实验组 1；5 泳道：诱导后实验组 1；6 泳道：诱导前实验组 2；7 泳道：诱导后实验组 2；8 泳道：诱导前阳性对照；9 泳道：诱导后阳性对照。

(五)考马斯亮蓝 R-250 染色

小心取出 SDS -PAGE 胶，在培养皿中用清水洗涤三次，再加入考马斯亮蓝 R-250，置于于 37℃、60r/min 恒温摇床染色 45min。

(六)脱色与观察

倒出染色液，用清水洗涤三次，倒掉水后再加入脱色液，于37℃、60r/min恒温摇床中脱色，每隔30min换一次脱色液，直至能清楚看到蛋白条带。将显著表达对应的发酵液以5000r/min的转速离心10min，收集菌体并置于4℃条件下短时保存(较长时间保存则需放在−20℃条件下)。

五、工艺控制点

注意培养基的配比，菌种的接种量，发酵时间和温度，发酵液中菌体生长浓度，诱导剂剂量和添加时间对实验结果的影响。

六、注意事项

(1)整个实验过程中都应穿上工作服，带上口罩和手套。
(2)重组质粒的转化时，应尽可能地将菌液涂布均匀。
(3)PAGE胶对人体有一定毒性，使用后应统一放置再处理。

【思考题】

(1)为什么选用IPTG作为诱导剂？还有没有别的诱导方法，请举例。
(2)人胰岛素原基因诱导表达的技术要点有哪些？

实验十三　超声破碎法裂解重组大肠杆菌

一、实验目的

(1)了解超声破碎法的基本原理。
(2)掌握超声破碎法的基本操作。

二、实验原理

超声波细胞破碎仪的工作原理是基于超声波在液体中的空化作用；换能器将电能量通过变幅杆在工具头顶部液体中产生高强度剪切力，形成高频的交变水压强，使空腔膨胀、爆炸将细胞击碎。另一方面，超声波在液体中传播时会产生剧烈的扰动作用，使颗粒拥有很大的加速度，从而导致颗粒间互相碰撞或颗粒与器壁碰撞而被击碎。

三、实验材料

(一)仪器

超净工作台，高速冷冻离心机，恒温摇床，离心管，标记笔，电磁炉，PAGE凝胶电泳装置，超声波细胞破碎仪和加样枪。

(二)材料

(1)超声缓冲液：0.01mol/L pH7.2的磷酸盐缓冲液PBS。

(2)Tris-甘氨酸电泳缓冲液：将3g Tris、14.4g甘氨酸和1g SDS溶于1L蒸馏水，于当日使用。

(3)其他：5×凝胶电泳加样缓冲液，LB液体培养基，含重组人胰岛素基因的E.*Coli* BL21和灭菌枪头。

四、实验步骤

(1)在1g诱导培养的湿菌泥中加入50mL超声缓冲液重悬洗涤一次。

(2)按1/4原发酵菌液体积的量加入超声缓冲液重悬菌体，然后置于冰盒中进行超声破碎，直至菌体溶液变清澈为止。超声条件：400W，工作5s，间隔5s，重复100次。

(3)取200μL经超声破碎后的菌液，于12000g下离心2min，再分别收集上清液和沉淀进行SDS-PAGE电泳检测，主要检测菌体破碎程度及目标条带占总蛋白的含量(SDS -PAGE检测方法同实验十六)。于4℃条件下离心弃上清液，用含有2mol/L尿素和100mmol/L Tris-HCl的包涵体洗液洗涤包涵三次，并水洗一次，再进行SDS -PAGE电泳检测。

五、工艺控制点

注意破碎和间隔时间，破碎体积，输出功率，菌体浓度和缓冲液pH等对实验结果的影响。

六、注意事项

(1)探头位置距底部约0.5～1cm。

(2)在超声破碎时，液面波动不能太剧烈，以减少泡沫出现。

(3)超声破碎的温度为低温，使用容器为塑料制品，切忌使用玻璃制品。

【思考题】

超声破碎法与其他破碎法比较有什么优点和缺点？

实验十四　亲和层析法纯化重组人胰岛素原

一、实验目的

(1)了解掌握亲和层析的基本原理。
(2)掌握重组人胰岛素原亲和层析纯化操作技术的要领。

二、实验原理

亲和层析是通过生物分子的相互作用进行生物分子分离的一项液相分离技术。亲和的一对分子中，一方以共价键或离子键的形式与不溶性载体相连作为固定吸附剂。当含有混合组分的样品通过此固定相时，只有样品中与固定相分子有特异亲和力的物质，才能被固定相吸附结合，而其他没有亲和力的无关组分就随流动相流出，此后可以改变流动相，将之前亲和的组分洗脱下来，从而达到分离和纯化的目的。

三、实验材料

(一)仪器

层析柱，蠕动泵，稳压稳流电泳仪，脱色摇床和 pH 计。

(二)材料

(1)缓冲液 1：50mmol/L pH7.4 的 PBS 缓冲液。配制方法：将 19mL 0.5mol/L 磷酸二氢钠，81mL 0.5mol/L 磷酸氢二钠，29.3g 氯化钠和 480g 脲按一定比例配制，加热溶解后定容到 1000mL。
(2)缓冲液 2：50mmol/L pH7.4 的 PBS 溶液。配制方法：将 19mL 0.5mlo/L 磷酸二氢钠，81mL 0.5mlo/L 磷酸氢二钠，29.3g 氯化钠，34g 咪唑和 480g 脲按一定比例配制，加热溶解后定容到 1000mL。
(3)缓冲液 3：不同咪唑浓度的缓冲液 3 配制方法如表 2-11 所示。

表 2-11　缓冲液 3 的配制

咪唑浓度/(mmol/L)	缓冲液 1 用量/mL	缓冲液 2 用量/mL	咪唑浓度/(mmol/L)	缓冲液 1 用量/mL	缓冲液 2 用量/mL
10	98	2	200	60	40
20	96	4	300	40	60
50	90	10	400	20	80
100	80	20			

(4)Ni-Sepharose 和待纯化重组人胰岛素原(50mmol/L PBS，pH7.4，0.5mol/L 氯化钠)。

四、实验步骤

(1)用 pH 8 Tris 缓冲液透析平衡折叠正确的重组人胰岛素原，再转到 pH6.5 磷酸缓冲体系中待用。

(2)Ni-Sepharose 装柱(1.6cm×20cm)，柱床体积为 30mL。

(3)用 2～5 Bv 缓冲液 1 平衡纯化柱，流速为 2mL/min。

(4)将 20mL 待纯化重组人胰岛素原溶液经过 0.45μm 滤膜过滤，上样，流速为 1mL/min。

(5)用 2～5 Bv 缓冲液 1 再洗涤纯化柱，流速为 2mL/min。

(6)用分别含 10mmol/L、20mmol/L、50mmol/L、100mmol/L、200mmol/L、300mmol/L 和 400mmol/L 咪唑的缓冲液 3 进行阶段洗脱，流速为 2mL/min，并收集各阶段洗脱峰，用 SDS-PAGE 检测融合蛋白的相对分子质量大小和纯度。

(7)先用 5 Bv 纯水流洗层析柱，再用 3 Bv 20%乙醇流洗，流速为 2mL/min，最后层析柱置于 4℃环境中保存。

五、工艺控制点

注意待纯化重组人胰岛素原蛋白量，蛋白吸附及洗脱中流速的控制，样品及缓冲液的 pH，纯化的环境温度和样品温度对实验结果的影响。

六、注意事项

(1)所有需要用到的材料的温度要与色谱操作的温度一致，并且液体最好做脱气处理。

(2)在层析柱下端加入蒸馏水，以除去柱子中的空气，然后关闭柱子出口，在柱内保留少量的蒸馏水。

(3)将琼脂糖凝胶连续倒入层析柱时，为了减少气泡的产生，需用玻璃棒引流，并且应让填料先自然沉降。

(4)注意柱压不能超过 0.3MPa，如果装柱系统中无法测定柱压，则控制流速不超过 300cm/h，并且在使用中一般只用最大流速的 75%。

(5)样品通常溶解在 pH5.5～8.5 的缓冲液中，可以提高上样缓冲液的 pH 来增大载量。

(6)缓冲液中不能含有 EDTA 和柠檬酸盐，并且也最好不含巯基乙醇等还原剂。

【思考题】

(1)简述亲和层析的原理。

(2)重组人胰岛素蛋白原亲和层析的技术要求有哪些?

第四节　设计性实验

实验十五　青蒿素提取工艺设计与优化

一、实验目的

了解和掌握从药用植物中提取有效药用成分的提取工艺和路线优化。

二、实验原理

青蒿是菊科植物黄花蒿干燥的地上部分，为我国传统中药。黄花蒿的有效成分——青蒿素是一种倍半萜内脂类化合物，在抗疟方面药效独特。目前，世界卫生组织已把青蒿素的复方制剂列为国家上防治疟疾的首选药物。青蒿素在丙酮、醋酸乙酯、氯仿和苯中易溶，在乙醇和甲醇、乙醚及石油醚中可溶，所以传统提取方法一般采用有机溶剂法，后来又出现超临界二氧化碳萃取技术、超声提取技术和大孔吸附树脂提取技术等。提取后的青蒿素可采用重结晶和柱层析等方法进行分离[16]。

本实验将通过设计不同的青蒿素提取路线，考察各种因素对青蒿素提取效率的影响。

三、实验材料

(一)仪器

粉碎机，真空泵，旋转蒸发仪，磁力搅拌器，水浴锅，干燥箱和分析天平等。

(二)材料

青蒿叶干粉，石油醚，乙醇和甲醇等。

四、实验步骤

(1)以青蒿素的提取收率和产品纯度为控制指标，查阅文献，设计不同的提取工艺路线。比较分析各路线的可行性及生产过程的可操作性，确定最佳青蒿素提取工艺路线。

(2)基于确定的青蒿素提取路线，考察不同提取因素对提取收率和纯度的影响，比较并分组讨论各工艺路线的优点和缺点。

五、注意事项

提取工艺路线设计应从实际生产过程考虑其工艺可行性和经济成本，再确定最佳设计方案。

【思考题】

(1)各青蒿素提取方法的优点和缺点有哪些?
(2)影响青蒿素提取的主要因素有哪些?
(3)影响青蒿素提取纯度的主要因素有哪些?
(4)如何实现提取工艺的生产放大?

实验十六 300L发酵罐聚苹果酸发酵中试放大实验

一、实验目的

(1)熟悉微生物制药工业发酵生产的放大方法。
(2)掌握实验室发酵罐系统及管路。
(3)掌握空气过滤器灭菌操作及发酵罐系统管路。

二、实验原理

不同规模的发酵罐之间由于发酵容积的差异，会造成发酵产量的波动，因此大规模工业化生产过程中，发酵罐的放大是微生物制药工艺非常重要的问题。微生物发酵的批式操作中，随着菌体生长和基质消耗，发酵过程的状态随时间变化，因此参数的时变性反映了发酵过程的时变系统特征。通过对发酵过程的状态参数或操作参数进行相关分析，可以得到反映微生物细胞分子水平、细胞水平和反应器工程水平的不同尺度问题的联系，从而实现跨尺度观察和操作，达到过程优化和实时控制的效果。

实验室所用的发酵罐除了具有常规的温度、搅拌转速、消泡、pH和DO等控制以外，还配置了高精度补料量(如基质、前体、油和酸碱物)、高精度通气流量与罐压电信号的测量与控制，并与尾气二氧化碳和氧气分析仪联接，使整机具有十四个在线参数检测或控制。此外，还具有能输入实验室离线测定参数的计算机控制与数据处理系统，由此可进一步精确得到发酵过程优化与放大所必须的包括各种代谢流特征或工程特征的间接参数，例如，摄氧率、二氧化碳释放率(CER)、呼吸商(RQ)、体积氧传递系数(KLa)和比生长速率(μ)等。

本实验将按照15L－30L－300L的发酵系统进行聚苹果酸的中试发酵工艺试验，即将15L和30L两级种子罐扩大培养后，移种至300L发酵罐中进行发酵放大。发酵过程采用补料分批发酵方式进行。

三、实验材料

(一)仪器

培养箱，发酵罐，摇床，灭菌锅，pH计，干燥箱，高效液相色谱仪、分光光度计和电炉等。250mL三角瓶20个，称量瓶18个，1mL吸管3支，2mL吸管2支，比色管10支及培养皿20套。

(二)材料

1. 菌种

聚苹果酸产生菌出芽短梗霉(*A. pullulans* CCTCC M2012223)。

2. 培养基

(1)种子培养基：将葡萄糖(60g/L)，硝酸铵(2g/L)，磷酸二氢钾(0.1g/L)，硫酸镁(0.1g/L)，硫酸锌(0.1g/L)，氯化钾(0.5g/L)，玉米浆(1g/L)和碳酸钙(20g/L)按比例配制；调pH为6.5，并于121℃条件下灭菌30min。

(2)发酵培养基：将葡萄糖(90g/L)，硝酸铵(2g/L)，柠檬酸(5g/L)，磷酸二氢钾(0.1g/L)，硫酸镁(0.1g/L)，硫酸锌(0.1g/L)，氯化钾(0.5g/L)，玉米浆(1g/L)和碳酸钙(90g/L)按比例配制；调pH为6.5，并于121℃条件下灭菌30min。碳酸钙单独灭菌，接种时混合。

(3)补料培养基(以50L补料罐30L体积装量计算)：将37.8kg葡萄糖，0.42kg硝酸铵，42g磷酸二氢钾，42g硫酸镁，42g硫酸锌，210g氯化钾和210g玉米浆混合均匀；调pH为6.5，并于121℃条件下灭菌30min。

四、实验步骤

(一)分析方法

1. 菌体生物量的测定

干重法：取发酵液10mL，向其中滴加2mol/L盐酸溶液以中和发酵残余的碳酸钙，待碳酸钙完全溶解后，于4000r/min条件下离心15min，弃上清液得沉淀，将沉淀置于75℃条件下烘干至恒重并称量。

2. 还原糖的测定(DNS法)

1)原理

在碱性条件下，3，5-二硝基水杨酸与还原糖共热，被还原为3-氨基-5-硝基水杨酸(棕红色物质)，还原糖则被氧化成糖酸及其他物质。在一定范围内，还原糖的量与棕红色物质颜色深浅的程度呈一定的比例关系，可在可见分光光度计 520nm 波长下测定棕红色物质的吸光度值，然后查标准曲线并计算，求出发酵液中还原糖的含量。

2)标准曲线的制作步骤

(1)取 9 支干燥比色管并编号，按表 2-12 所示的量在各试管中加入试剂，注意葡萄糖标准液和 3，5-二硝基水杨酸试剂精确浓度为 1.00mg/mL。

表 2-12 还原糖标准曲线制作

加入试剂/mL \ 管号	0	1	2	3	4	5	6	7	8
葡萄糖标准液	0	0.2	0.4	0.6	0.8	1.0	1.2	1.4	1.6
蒸馏水	2.0	1.8	1.6	1.4	1.2	1.0	0.8	0.6	0.4
3，5-二硝基水杨酸试剂	1.5	1.5	1.5	1.5	1.5	1.5	1.5	1.5	1.5

(2)将各管摇匀，用玻璃塞封口，在沸水浴中加热 5min，随后立即用冷水冷却至室温，再向各管补加蒸馏水至 25.0mL，用玻璃塞塞住管口并颠倒混匀。操作时切勿用力振摇，以免引入气泡。在 520nm 波长下以 0 号管为空白，在分光光度计上测定 1～8 号管的吸光度值。

(3)以吸光度值为纵坐标，葡萄糖毫克数为横坐标，绘制标准曲线。

3)发酵液中残留还原糖的测定

(1)将发酵液离心过滤，取 1mL 滤液定容至 100mL，100 倍稀释至含糖量2～8mg/100mL 为试样。取 4 支干燥试管并编号，按表 2-13 所示的量精确加入待测液和试剂(mL)。

表 2-13 还原糖的测定

项目/mL \ 管号	空白	还原糖		
	0	1	2	3
样品量	0	1.0	1.0	1.0
蒸馏水	2.0	1.0	1.0	1.0
3，5-二硝基水杨酸试剂	1.5	1.5	1.5	1.5

(2)加完试剂后，其余操作步骤与葡萄糖标准曲线时的制作相同，即测定出各管溶液的吸光度值。

(3)取 1～3 管吸光度值的平均值，在标准曲线上查出该值对应的还原糖浓度，乘以稀释倍数则可计算样品中还原糖的浓度(g/L)。

3. 聚苹果酸测定

1)紫外分光光度法

取发酵液离心后的上清液 1mL，再向其中加入 1mL 2mol/L 硫酸，置于带帽的离心管中，在 85～90℃水浴锅中水解 8h 以上；取水解液 1mL 置于比色管中，沿管壁加入 6mL 98%硫酸，然后加入 0.1mL 2，7－萘二酚溶液试剂，于 100℃条件下水浴 20min，最后在390nm处测得吸光度数值，并计算苹果酸含量(聚苹果酸含量=苹果酸含量×稀释倍数×134/152)。

2)HPLC

取发酵液离心后的上清液1mL置于带帽的离心管中，加入1mL 2mol/L H_2SO_4，于85～90℃的水浴锅内水解8h以上，离心得清液，取样稀释20倍(总稀释倍数为40倍)，用HPLC进样分析。

HPLC分析条件：有机酸分析柱(Spursil™C18-EP 5μm 250mm×4.6mm)；流动相为0.025mol/L磷酸二氢钾(用磷酸调节pH至2.5)；柱温为25℃，波长为220nm，流速为0.6mL/min，进样量为15μL。

(二)中试放大实验

1. 15L种子罐灭菌

(1)将配制好的培养基注入15L发酵罐中，补加自来水至6L，检查各管路阀门连接情况，打开排气阀和蒸汽阀，通入夹套升温。

(2)待罐内温度升至90～100℃时，开通空气过滤器管路蒸汽，升温，观察压力表。在0.1MPa、121℃条件下在线灭菌30min。灭菌结束后，通冷却水入夹套冷却至25℃，准备接种。

(3)种子制备：使用3L摇瓶制备种子液，培养温度为25℃，培养时间为2d。

(4)采用火焰接种法。接入摇瓶种子液后，先调节转速为200～250r/min，调节空气流量比为1∶0.8VVM，将DO校正为100%，再设定种子培养开始。

2. 30L种子罐灭菌

(1)将配制好的培养基注入30L发酵罐中，补加自来水至24L，检查各管路阀门连接情况，打开排气阀和蒸汽阀，通入夹套升温。

(2)待罐内温度升至90～100℃时，开通空气过滤器管路，通入蒸汽，升温，观察压力表。在0.1MPa、121℃条件下在线灭菌30min，灭菌结束后，通冷却水入夹套冷却至25℃，准备接种。

(3)种子制备：使用15L发酵罐培养种子液，培养温度为25℃，培养时间为2d。

(4)利用压差法进行移种。先用蒸汽进行管道灭菌30min，待管道冷却后，利用压差法将15L发酵罐的种子液移种至30L发酵罐中培养，培养时间为36h。

3. 300L种子罐灭菌

(1)将配制好的培养基注入300L发酵罐中，补加自来水至240L，检查各管路阀门连接情况，打开排气阀和蒸汽阀，通入夹套升温。

(2)待罐内温度升至90～100℃时，开通空气过滤器管路蒸汽，升温，观察压力表。在0.1MPa、121℃条件下在线灭菌30min，灭菌结束后，通冷却水入夹套，并冷却至25℃，准备接种。

(3)种子制备：使用15L发酵罐培养的种子液，培养温度为25℃，培养时间为2d。

(4)接种：利用压差法进行移种。先用蒸汽进行管道灭菌 30min，待管道冷却后，利用压差法将 15L 种子罐的种子液移种至 30L 发酵罐中培养，培养时间为 36h。

4. 过程控制及指标测定

(1)检测发酵液中的残糖浓度，当糖浓度低于 20g/L 时，开始启动补糖操作；当发酵液残糖浓度到达 90g/L 时，停止补糖。

(2)发酵过程注意泡沫的变化情况，并观察 pH 和 DO 的在线变化情况，做好相应记录。

(3)发酵开始即进行第一次取样，8h 后再进行第二次取样，此后每隔 8h 进行一次取样。每次取样检测的指标有还原糖、生物量和聚苹果酸产量等，同时作固定片美兰染色及镜检，观察是否染菌。若早期发现染菌则停止发酵。

(4)作出培养液中还原糖(g/L)、生物量(g/L)、pH 和聚苹果酸产量(g/L)随培养时间变化的曲线，计算聚苹果酸发酵产率及得率，并分析产率与补料之间的关系。

5. 放罐及清洗

经过 96h 的发酵后，菌量增长变得缓慢，此时可放罐。发酵液经离心后，收集发酵液作进一步处理。放罐后，先取下罐体上的电极，然后按以下步骤进行清洗：

(1)向发酵罐内加入 200L 水，把取样管插入发酵罐内固定，连同其他接触过微生物的容器和物品，在线灭菌。

(3)灭菌后将发酵罐清洗干净，按要求存放。

五、注意事项

(1)进行发酵罐操作时，柜子内的许多接头都是裸露带电的，故不能触摸，以免触电。

(2)发酵罐在空消和实消时，不能随意触摸罐体和管道，以免烫伤。

(3)因发酵时间长，需轮班操作，故每组人员较多，应注意实验室的秩序，并且每位同学都应主动积极参与实验的全部过程。

(4)发酵罐的压力不能超过 0.09MPa，在蒸汽灭菌和通入无菌空气时应特别注意。

(5)开关所有阀门时，动作应缓慢，特别是蒸汽和空气进入阀门。

【思考题】

(1)300L 发酵罐操作和小罐操作上存在哪些的差异？

(2)还有其他哪些方法可以应用在发酵工程放大上？

实验十七　聚苹果酸分离纯化工艺实验

一、实验目的

掌握聚苹果酸分离和纯化过程的单元操作反应步骤及工艺路线。

二、实验原理

根据聚苹果酸的理化性质，通过板框或离心机分离后，获得含聚苹果酸的发酵清液，采用有机溶剂沉淀法沉淀聚苹果酸，再利用大孔吸附树脂进行分离和纯化，可制得高纯度的聚苹果酸产品[6]。

三、实验材料

(一)仪器

刮板式蒸发器，离心机，真空泵，离子交换树脂，结晶罐和萃取罐等。

(二)材料

(1)聚苹果酸发酵液：由本章实验十六制备。
(2)聚苹果酸含量测定：方法同本章实验十六。
(3)其他：甲醇，乙醇，盐酸，氢氧化钠和氯化钠等。

四、实验步骤

(一)发酵液浓缩

取本章实验十六发酵获得的发酵液，记录发酵液的 pH 和聚苹果酸产量。将发酵液进行离心分离，上清液用刮板式蒸发器进行真空蒸发浓缩，浓缩至原体积的 1/5 左右，浓缩温度控制在 60℃。

(二)有机溶剂沉淀

向浓缩液中加入甲醇，加入量占加入后总液体体积的 1/4，用玻棒搅拌混合液，将沉淀得到的絮状物去除。继续向浓缩液中添加甲醇，使甲醇的总含量达到总液体体积的 2/3，然后于 4℃条件下放置过夜，再低温离心得到沉淀，此沉淀即为聚苹果酸粗品。

(三)D201 树脂的预处理

将树脂浸于蒸馏水中溶胀，再用乙醇浸泡 24h 后水洗至中性；接着用 5%盐酸酸洗，再水洗至中性；最后用5%氢氧化钠碱洗，水洗至中性后装柱。

（四）聚苹果酸的分离和纯化

将获得的粗品溶于水中，用5%氢氧化钠溶液调节pH至8.0，再用D201树脂进行纯化。将聚苹果酸溶液以2.5～3mL/min上柱，用3 Bv去离子水洗脱后，再用1.2mol/L氯化钠溶液以5.6mL/min的流速洗脱。通过洗脱过程的pH变化观察聚苹果酸的洗脱情况，并收集洗脱液。将收集的洗脱液浓缩，用乙醇沉淀或低温干燥即可得到聚苹果酸纯品。

五、工艺控制点

（1）发酵液的浓缩倍数与聚苹果酸沉淀物的析出有何关系？
（2）用树脂洗脱液洗脱对聚苹果酸产品的纯度有什么影响？

【思考题】

（1）如何提高聚苹果酸的提取收率和产品纯度？
（2）聚苹果酸提取过程的关键步骤有哪些？
（3）阐述有机溶剂沉淀法沉淀聚苹果酸的原理。

第3章　化学制药工艺学实验

第一节　化学药物合成基础实验

实验一　水杨酰苯胺的制备

一、实验目的

(1)了解药物结构的修饰方法。

(2)掌握酚酯化和酰胺化的反应原理。

二、实验原理

水杨酰苯胺的化学名为邻羟基苯甲酰苯胺，是水杨酸类解热镇痛药，可用于发烧、头痛、神经痛、关节痛及活动性风湿症，作用较阿司匹林强且副作用小。水杨酰苯胺的结构式为

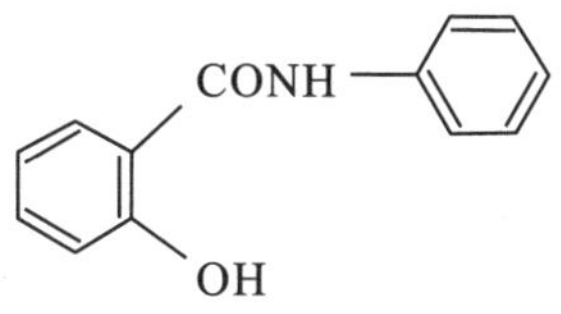

水杨酰苯胺为白色结晶粉末，熔点为136～138℃，溶于氯仿、醇、醚及苯等，微溶于水，遇光颜色变深，毒性小，几乎无臭味。

水杨酰苯胺的合成路线如下[17]：

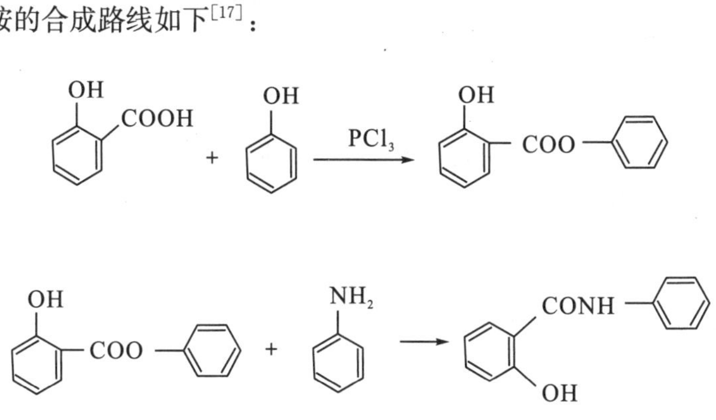

三、实验材料

(一)仪器

三颈烧瓶，搅拌器，温度计，冷凝装置，油浴锅，滴液漏斗，过滤装置，干燥箱，圆底烧瓶，铁架台和电炉。

(二)材料

苯酚，水杨酸，三氯化磷，苯胺，乙醇，活性炭和EDTA等。

四、实验步骤

(一)水杨酸苯酯的制备

在干燥的100mL三颈瓶中安装搅拌器、温度计和球形冷凝器，并依次加入5g苯酚和7g水杨酸，油浴加热使其溶解，油浴温度控制在138～142℃。使用滴液漏斗缓慢加入2mL三氯化磷，此时有氯化氢气体产生。在冷凝器上端接一排气管，气体用水吸收。加完三氯化磷后，维持油浴温度在138～142℃并反应2h，然后趁热搅拌倒入50mL 50℃的水中，再置于冰水浴中不断搅拌直到固体析出。最后进行过滤、水洗和干燥，得到粗品并称量。

(二)水杨酰苯胺的制备

将粗品水杨酸苯酯放入25mL圆底烧瓶中，油浴加热至120℃使其熔融，并不时摇动烧瓶。5min后按水杨酸苯酯∶苯胺＝1∶0.45(*W*/*V*)的比例加入苯胺，再安装回流冷凝器，加热至160℃并反应2h。待温度稍降后，将反应液趁热加入到30mL 85%乙醇中，并置于冰水浴中搅拌，直至晶体析出再过滤。晶体用85%乙醇淋洗两次，干燥后得粗品并称量。

(三)精制产品

将粗品倒入已装好回流冷凝器的圆底烧瓶中，加入4倍量(*W*/*V*)的95%乙醇，在60℃水浴中使其溶解。向烧瓶中加入少量活性炭及EDTA脱色10min，然后趁热过滤，等待冷却后再次过滤。用少量乙醇洗涤产品两次并回收母液。对产品进行干燥和称量，并测其熔点，最后计算收率。

(四)结构确证

(1)红外吸收光谱法。

(2)标志物TLC对照法。

(3)核磁共振光谱法。

五、工艺控制点

(1)在水杨酸苯酯的制备中，三氯化磷要缓慢滴加，并且反应温度要控制在 140℃左右。

(2)制备水杨酰苯胺时，温度要控制在 160℃左右。

(3)精制过程中加入 EDTA 的量要少。

六、注意事项

(1)在水杨酸苯酯的制备中，要使用干燥的三颈瓶，因为三氯化磷会与水发生反应。

(2)收集处理氯化氢气体时，要注意防止倒吸。

(3)反应过程中要控制好温度，以提高产量。

【思考题】

(1)可否用水杨酸直接酯化合成水杨酰苯胺?

(2)精制产品时，为什么要在 60℃条件下使之溶解?

(3)脱色时为什么要加入少量 EDTA?

(4)如果产品中含有杂质，熔点是升高还是降低?

实验二　丙二酸亚异丙酯的制备

一、实验目的

(1)掌握以丙二酸和丙酮为原料，在酸催化条件下制备丙二酸亚异丙酯的反应原理和实验方法。

(2)巩固抽滤和重结晶等基本操作。

二、实验原理

丙二酸亚异丙酯是一种重要的有机合成原料，常温下为白色固体，加热时可分解。丙二酸亚异丙酯的化学名为 2，2-二甲基-1，3-二氧六环-4，6-二酮，在一定条件下可生成活泼的中间体，例如，米氏酸碳负离子、米氏酸卡宾和各式烯酮等。因而在温和条件下，丙二酸亚异丙酯就可以进行亲电取代、亲核取代和加成重排等多种类型的反应。此外，羰基化合物极易与丙二酸亚异丙酯进行克脑文格尔(Knovengel)缩合反应[18]。

通常利用丙二酸和丙酮在乙酸酐和浓硫酸的作用下，脱水生成丙二酸亚异丙酯，相

关反应式为

$$HOOCCH_2COOH+CH_3COCH_3 \xrightarrow[\text{浓硫酸}]{\text{乙酸酐}}$$ (2,2-二甲基-1,3-二噁烷-4,6-二酮结构式)

三、实验材料

(一)仪器

100mL 三颈烧瓶，温度计，回流冷凝管，滴液漏斗，玻璃棒和抽滤装置等。

(二)材料

丙二酸，丙酮(纯度≥99.5%)，乙酸酐和浓硫酸等。

四、实验步骤

向装有温度计、回流冷凝管和滴液漏斗的 100mL 三颈烧瓶中加入 5.2g 丙二酸、6mL 乙酸酐和 0.2mL 浓硫酸，并于室温下搅拌，待固体大部分溶解后，用冰水浴冷却至 0～2℃，再使用滴液漏斗将 4.0mL 丙酮从三颈烧瓶侧口缓慢滴加到三颈烧瓶中，滴加时间约为 15min。在常温(20～25℃)下继续搅拌 4h，反应完毕后将烧瓶放于冰箱中再隔夜取出，瓶中析出白色针状晶体，用抽滤装置进行抽滤。抽滤得到白色固体，一份使用水作溶剂重结晶，另一份用 30%丙酮－水溶液重结晶，最后干燥产物，比较两者产率。

丙二酸亚异丙酯常温下为白色结晶固体，熔点为 94～95℃。

五、工艺控制点

(1)本实验中，需要先将丙二酸、乙酸酐和浓硫酸搅拌均匀。

(2)丙酮的滴加速度是本实验的关键，不可过快或过慢。

(3)析晶过程较为缓慢，需置于冰箱中过夜，并且整个反应过程最好隔绝空气。

六、注意事项

(1)缓慢加入浓硫酸时需不断搅拌。

(2)滴加丙酮时控制滴加速度，不宜过快。

(3)丙酮具有易挥发性，并带有一定的毒性，故使用滴液漏斗前先检漏。

【思考题】

(1)加料时为何不先混合丙酮和浓硫酸及乙酸酐，而是先混合丙二酸？

(2)为何要控制丙酮滴加速度?

(3)为何要做两份不同溶剂的重结晶? 使用丙酮-水作溶剂有什么作用?

(4)在本实验中影响产率的因素有哪些?

(5)乙酸酐的作用是什么?

实验三　阿司匹林的杂质限量检查——HPLC 法

一、实验目的

(1)掌握 HPLC 法测定阿司匹林的杂质限量的基本原理。

(2)掌握高效液相色谱仪的操作及注意事项。

(3)了解杂质限量的要求以及杂质检查的意义。

二、实验原理

阿司匹林(Aspirin)的化学名为 2-乙酰氧基苯甲酸，别名为乙酰水杨酸，是一种非甾体解热镇痛药，其合成工艺如下：

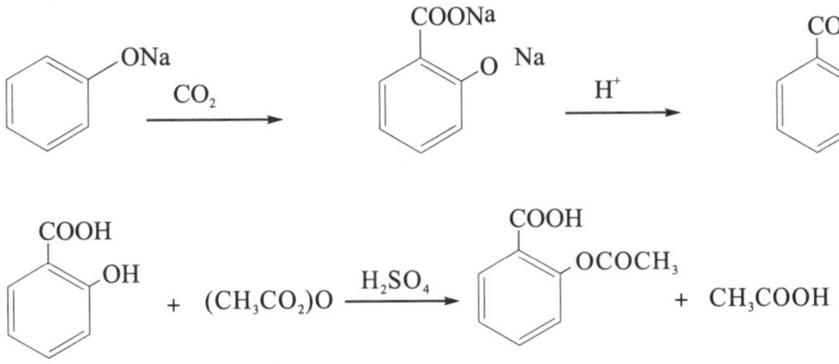

生产过程中乙酰化不完全或储藏过程中水解产生水杨酸都会引入杂质。水杨酸对人体有毒性，而且酚羟基在空气中会逐渐氧化成一系列醌型有色物质，使阿司匹林成品变色，如图 3-1 所示。

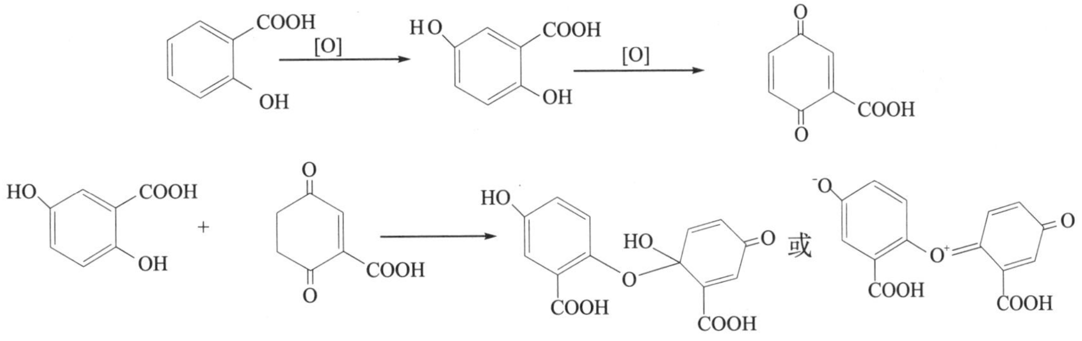

图 3-1　阿司匹林的氧化过程

外标法是以待测组分的纯品作对照品，通过比较试样和对照品中待测组分的峰面积或峰高来进行定量分析，本实验采用比较峰面积。使用外标法时，先精密称取一定量的对照品和试样配制成溶液，再量取相同体积的对照品溶液和试样溶液进样，然后在完全相同的色谱条件下进行色谱分析并测定峰面积[19]。

三、实验材料

(一)仪器

高效液相色谱仪，紫外检测器，色谱柱，量筒，移液管和容量瓶等。

(二)材料

乙腈，四氢呋喃(CP)，冰醋酸(CP)，甲醇(CP)，重蒸馏水，水杨酸对照品和阿司匹林等。

四、实验步骤

(一)色谱柱准备

(1)开电源，依次打开泵系统、检测器和电脑，装色谱柱，排气泡和用流动相冲洗色谱柱至系统平衡。

(2)用十八烷基硅烷键合硅胶作填充剂，以乙腈－四氢呋喃－冰醋酸－水(20∶5∶5∶7，V/V)为流动相，检测波长为303nm。理论板数按水杨酸峰计算不低于5000，阿司匹林主峰与水杨酸主峰的分离度应符合2010版《中华人民共和国药典》关于游离水杨酸高效液相色谱法(附录V_D)的测定要求。

(二)溶液制备

1. 对照品溶液

精密称量水杨酸对照品10mg，置于100mL容量瓶中，加入1%冰醋酸甲醇溶液，使其溶解并稀释至刻度，摇匀。精密量取该溶液5mL，并置于50mL容量瓶中，用1%冰醋酸甲醇溶液稀释至刻度，摇匀，作为对照品溶液。

2. 供试品溶液

精密称定0.1g阿司匹林粉末，并置于10mL容量瓶中，加入适量1%冰醋酸甲醇溶液，振摇使其溶解并稀释至刻度，摇匀，作为供试品溶液(临用前新配)。

(三)测定及计算

分别精密吸取供试品溶液和对照品溶液10μL并注入高效液相色谱仪，记录色谱图，计算出水杨酸的含量。若供试品溶液色谱图中有与水杨酸峰保留时间一致的色谱峰，按外标法以峰面积计算，水杨酸含量不得过 0.1%[20]。计算公式如下：

$$C_i=C_s\times A_i/A_s$$

其中，C_i为待测样品溶液中水杨酸的浓度(mg/mL)；C_s为对照品溶液中水杨酸的浓度(mg/mL)；A_i供试品溶液色谱图中水杨酸峰的积分面积；A_s对照品溶液色谱图中水杨酸峰的积分面积。

五、工艺控制点

(1)标准品溶液和供试品溶液的配制需精密准确。
(2)标准品和供试品的进样量及进样操作条件要严格保持一致。

六、注意事项

(1)流动相应选用色谱纯试剂、高纯水或双蒸水。
(2)色谱柱使用完毕后，应用甲醇冲洗，再取下色谱柱并紧密封闭两端保存。
(3)不能在高温下长时间使用硅胶键合相色谱柱。

【思考题】

(1)阿司匹林中特殊杂质检查项目都有哪些?
(2)外标法和内标法相比有何优点和缺点?
(3)流动相的 pH 应控制在什么范围？为什么?

实验四　扑热息痛的熔点测定

一、实验目的

(1)掌握提勒管法测定药物熔点的原理。
(2)了解熔程形成的原因及熔程与被测物质纯度的关系。
(3)熟悉测定药物熔点的方法。
(4)了解测定熔点对鉴定药物的意义。

二、实验原理

熔点是在一定压力(1 标准大气压＝760mmHg＝101.325kPa)下，纯物质的固相与液相平衡时的温度，此时固相和液相的蒸气压相等。纯净的固体有机化合物一般都相对固定的熔点。在一定压力下加热纯净的有机化合物固体样品时，当固体样品表面开始湿润、收缩、塌落并有液相产生时的温度 t_1 称为始(初)熔点，继续加热样品至固体完全消失时的温度 t_2 称为全熔点。样品的全熔点和始熔点的差值 $\Delta t = t_2 - t_1$ 称为熔距(或称熔程)。分析纯的有机化合物的熔距温度一般在 0.5～1℃左右，而化学纯试剂的熔距一般在 2～3℃左右。当化合物中混有杂质时，其熔点会降低，且熔距也会增大，所以熔点是鉴定固体有机化合物的重要物理常数，也是化合物纯度的判断标准。想要精确测定熔点，必须在接近熔点时放缓加热速度，即每分钟升高温度不能超过 1～2℃，只有这样才能使熔化过程近似接近于相平衡条件[1]。

纯物质的熔点和凝固点是一致的。当以恒定的速率加热纯固体化合物时，在最初的一段时间内温度上升，但是固体不熔化；当固体开始熔化时，有少量液体出现，固液两相之间达到平衡；继续供给热量使固相不断转变为液相，两相间维持平衡，温度不会上升；直至所有固体都转变为液体，此时温度才会上升。该过程如图 3-2 所示。

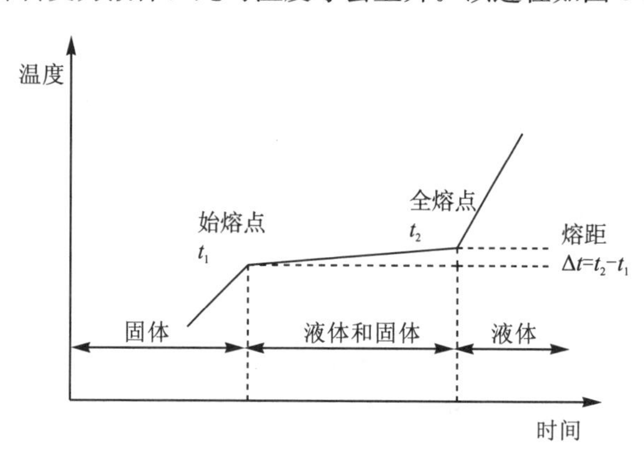

图 3-2 相随着时间和温度的变化

三、实验材料

(一)仪器

提勒(Thiele)管(又称 b 型管)，开口软木塞，200℃温度计，表面皿，酒精灯，铁架台，试管，长玻璃管(0.5cm×40cm)，毛细管和乳胶圈。

(二)材料

液体石蜡(载热体)和扑热息痛等。

四、实验步骤

(一)提勒管法[9]

1. 填装样品

如图 3-3(a)所示，取 0.1～0.2g 干燥后的粉末状扑热息痛试样放在表面皿上，用洁净的试管底部研细后堆成小堆，再用 2～3 根一端已封口的毛细管的开口端插入试样中，装取少量粉末。然后向上竖立毛细管开口，在桌面上轻敲几下(毛细管的下落方向必须与桌面垂直，否则毛细管极易折断)，使样品掉入管底。重复此操作，使毛细管中装入 2～3mm 高度样品。最后将毛细管开口朝上从一根长玻璃管中掉到表面皿上，重复此操作使样品粉末紧密堆集在毛细管底部。

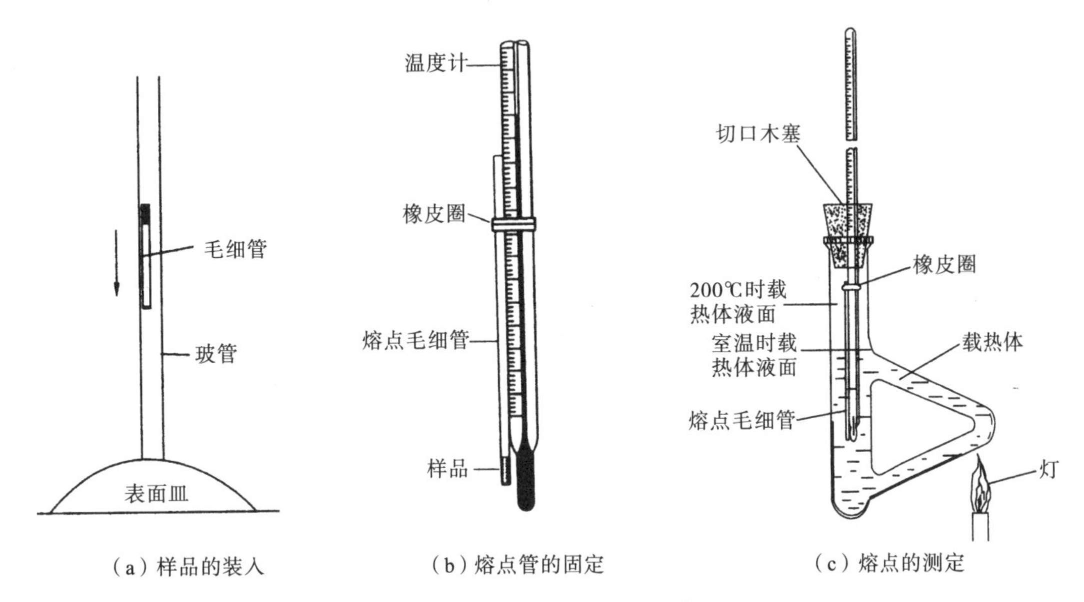

图 3-3　毛细管法测定熔点的装置

2. 装配提勒管并固定熔点管

将载热体液体石蜡装入提勒管中，装入量以液态石蜡液面刚好没过提勒管侧管上口为最佳。如图 3-3(b)所示，用橡皮圈将装有样品的毛细管与温度计捆好贴实(注意橡皮圈不要浸入溶液中，且毛细管中的样品应位于水银球的中部)，然后插入到切口木塞并放到固定在铁架台上的提勒管中，注意使水银球处在提勒管的两叉口中间，并让温度计刻度对着木塞缺口以便读数。

3. 测定熔点

在图 3-3(c)所示位置加热，载热体被加热后在管内呈对流循环，使温度变化比较均匀，调整酒精灯的位置可以控制温度升高的快慢。正确读取初熔和终熔时的温度，并对全过程做好记录。

在测定已知熔点的样品时，可先以较快速度(5～6℃/min)加热；然后在距离熔点 10～15℃时，以 1～2℃/min 的速度加热；越接近熔点(约 2℃)升温速度越慢(约 0.2～0.3℃/min)直到测出熔程。在测定未知熔点的样品时，应先粗测熔点范围，再用上述方法细测。测定时应观察和记录样品开始塌落并有液相产生时(始熔)和固体完全消失时(全熔)的温度读数，所得数据相减即为该物质的熔距。此外，还要观察和记录在加热过程中是否有萎缩、变色、发泡、升华及炭化等现象，以供分析参考。

熔点测定至少需要重复两次，但不能将已测过的毛细管冷却使其中的样品固化后再作第二次测定，因为有时某些物质在熔化过程中会产生部分分解，造成该物质在重新固化会转变成具有不同熔点的其他结晶形式。因此，每个样品的熔点测定需采用数根装有同种样品的毛细管分别测定。测定已知物熔点时，要测定两次，两次测定误差不能大于±1℃。测定未知物溶点时，要测三次：一次粗测，两次精测，并且两次精测的误差也不能大于±1℃。每次测定后需等待热浴液的温度下降20～30℃后，再更换新的毛细管测定重复数据。

实验完成后，待提勒管中的热浴液及温度计冷却后方可将热浴液倒入回收瓶中，然后用废纸擦去粘在温度计上的浴液，再将温度计清洗干净。

(二)实验数据处理

实验数据按表3-1记录(也可另行设计)。在较精密的熔点测定中，必须按规定对温度计进行校正。扑热息痛的熔点为168～172℃(中华人民共和国药典2010二部附录)。

表3-1 扑热息痛的熔点测定

编号	初熔温度/℃	全熔温度/℃	熔距/℃
1(精)			
2(精)			
3(粗)			
平均值			

五、工艺控制点

(1)扑热息痛样品必须保证绝对干燥并研细且装填紧密。

(2)要严格控制升温速度。

六、注意事项

(1)取样品应当适量，并及时盖好样品盖子以保持干燥。

(2)为使测定结果准确，样品应研得极细，填装量要适当，且装填要紧密。一个试样最好同时装三根毛细管，以备测定用。

(3)仪器的安装要注意对齐“三中心”(即毛细管内样品的中心、温度计水银球的中心和提勒管两侧管的中心)，保证“两同轴”(即温度计的轴线与提勒管直管的轴线)，并让毛细管开口始终暴露在大气中。

(4)重复测定时要等系统的温度降到初熔温度以下20℃才能进行。

【思考题】

(1)在测定熔点时，若出现以下情况对测定的熔点将有什么影响？为什么？

①加热速度过快；②样品装填不紧密；③熔点管不干净；④样品量太少或太多；⑤熔点管壁太厚；⑥样品不干燥或有杂质。

(2)在实验中影响测定结果的因素有哪些?
(3)测熔点时为什么要使用切口木塞?
(4)测过的样品能否重测?熔距短是否就一定是纯物质?

实验五　贝诺酯的精制

一、实验目的

掌握以乙醇为溶剂的重结晶方法。

二、实验原理

如表 3-2 所示，贝诺酯在沸乙醇中易溶，但是在冷乙醇中微溶，因此选用乙醇作为重结晶溶剂[21]。

表 3-2　贝诺酯在冷、沸乙醇中的溶解性

温度(℃)	25	78
溶解度	微溶(1g 溶质/100～1000mL 溶剂)	易溶(1g 溶质/1～10mL 溶剂)

三、实验材料

(一)仪器

100mL 圆底烧瓶，球形冷凝管，水浴锅，布氏漏斗，抽滤瓶和 100mL 烧杯。

(二)材料

贝诺酯粗品，95%乙醇和活性炭。

四、实验步骤

(1)在 100mL 圆底烧瓶中，加入 5g 贝诺酯粗品和 50mL 95%乙醇，接上球形冷凝管，水浴加热至贝诺酯粗品全部溶解。

(2)待溶液稍微冷却后，加入适量活性炭脱色(活性炭用量视粗品颜色而定：若颜色深，则用量稍大一点；若颜色浅，则减少用量)，继续加热回流 30min。

(3)随后趁热用已预热的布氏漏斗和抽滤瓶抽滤，将滤液转移至 100mL 烧杯中冷却结晶，再次抽滤，用少量稀乙醇洗涤产品两次。

(4)将产品压干再干燥后得贝诺酯精品，称重并计算回收率。纯的贝诺酯熔点为177～181℃。

五、工艺控制点

本实验的工艺控制点为溶剂的用量。若要得到比较纯的产品和较高的收率，必须十分注意溶剂的用量。要减少溶解损失，就要避免溶剂过量，但溶剂少了又会给热过滤带来很多麻烦，并且可能导致更大的损失，所以要全面衡量以确定溶剂的用量。一般实际操作中溶剂的用量比需要量多20%左右即可。

六、注意事项

(1)不能将活性炭直接加入到沸腾的溶液中，否则会引起暴沸。
(2)过滤使用的布氏漏斗和抽滤瓶必须预热。
(3)使用95%乙醇重结晶时，要注意防火。

【思考题】

(1)为什么活性炭要在固体物质完全溶解后加入？为什么不能在溶液沸腾时加入？
(2)在布氏漏斗中用溶剂洗涤固体时应注意什么问题？
(3)以乙醇为溶剂重结晶和以水为溶剂重结晶有何异同？

实验六　联苯乙酸的结构鉴定——IR法

一、实验目的

(1)了解傅里叶变换红外光谱仪的基本结构及工作原理。
(2)掌握压片法制备试样的方法。
(3)学会用傅里叶变换红外光谱仪进行联苯乙酸的结构鉴定。

二、实验原理

红外光谱又被称为分析振动转动光谱，是一种分析吸收光谱。当样品受到频率连续变化的红外光照射时，分子吸收了某些频率的辐射，并由其振动或转动运动引起偶极距变化，产生分子振动或转动能级从基态到激发态的跃迁，使相应于这些吸收区域的透射光强度减弱，记录红外光的百分透射比T%与波数σ(或波长λ)的关系曲线就得到红外光谱。谱图中的吸收峰数目及所对应的波数是由吸光物质的分子结构所决定的，即谱图是分子结构的特征反映[22]，因此可根据红外光谱图的特征吸收峰对吸光物质进行定性和结构分析。

值得注意的是，测定不同存在状态(气体、固体和液体三种状态)的物质时，试样的制备方法是不同的，其吸收谱图也有差异[23]。对于固体试样的制备，压片法是实际工作中应用最多的方法，所以本实验主要要求掌握溴化钾压片制样法。红外光谱压片法是将固体试样与稀释剂溴化钾混合(试样含量范围一般为 0.1%～2%)并研细，取 80mg 左右压成透明薄片，再置试样薄片于光路中进行测定。根据生成的谱图，查出各特征吸收峰的波数并推断其官能团的归属，从而进行物质定性和结构分析。

三、实验材料

(一)仪器

Nicolet FT-IR 傅里叶红外光谱仪，玛瑙研钵，压片机和多功能反射镜头等。

(二)材料

联苯乙酸样品，溴化钾和丙酮等。

四、实验步骤

(1)将少量精制的联苯乙酸固体加入到溴化钾粉末中，碾碎并拌匀，再用压片机压成薄片。压好的样品薄片放置在红外光谱仪中，测定红外吸收光谱，注意从 4000～400cm^{-1}进行波数扫描时需要扣除背景，最后得到联苯乙酸的吸收波谱。

(2)谱图解析。将测得的谱图同谱图库查询比对，并记录匹配度。

(3)分析谱图，并将图谱中各种官能团标识出来。在绘制的吸收光谱上，注明主要吸收峰的波数及官能团归属，并推断样品的分子结构。

五、注意事项

在红外光区使用的光学部件和吸收池的材质是溴化钾晶体，不能受潮，操作时应注意以下几点：

(1)不能用手直接接触盐片表面。

(2)不能对着盐片呼吸。

(3)避免与吸潮液体或溶剂接触。

(4)每压制一次薄片后，需将模片和模片柱用丙酮棉球擦洗干净，否则黏附在模具上的溴化钾潮解会腐蚀金属，损坏模片和模片柱原有的光洁度。

【思考题】

(1)化合物的红外吸收光谱是怎样产生的？

(2)如何进行红外光谱图的解析?

实验七 外消旋α-苯乙胺的手性拆分

一、实验目的

(1)学习外消旋α-苯乙胺的合成方法。

(2)掌握外消旋体拆分的基本原理和方法。

(3)学习旋光度的测定方法。

二、实验原理

在非手性条件下，由一般合成反应所得的手性化合物为等量的对映体组成的外消旋体，故无旋光性。利用拆分的方法，把外消旋体的一对对映体分成纯净的左旋体和右旋体，即所谓的消旋体的拆分。

拆分外消旋体最常用的方法是利用化学反应把对映体变为非对映体。如果手性化合物分子中含有一个易于反应的极性基团，如羧基和氨基等，就可以使它与一个纯的旋光化合物(拆解剂)反应，从而把一对对映体变成两种非对映体。由于非对映体具有不同的物理性质(例如，溶解性和结晶性等)，可利用结晶等方法将其分离并精制，然后去掉拆解剂就可以得到纯的旋光化合物，从而达到拆分的目的[24]。

常用的拆解剂有马钱子碱、奎宁和麻黄素等生物碱(拆分外消旋体的有机酸)，以及酒石酸和樟脑磺酸等旋光纯的有机酸(拆分外消旋体的有机碱)[25]。外消旋的醇通常先与丁二酸酐或邻苯二甲酸酐形成单酯，然后用旋光醇的碱把酸拆分，再经碱性水解得到单个的旋光性的醇。

对映体的完全分离当然是最理想的，但是实际工作中很难做到这一点。常用光学纯度表示被拆分后对映体的纯净程度，它等于样品的比旋光除以纯对映体的比旋光，即

$$光学纯度(op)=样品的[\alpha]/纯物质的[\alpha]\times 100\%。$$

本实验用(+)-酒石酸为拆解剂，它能与外消旋α-苯乙胺形成非对映异构体的盐。旋光纯的酒石酸在自然界颇为丰富，它是酿酒过程中的副产物。由于(−)-胺(+)-酸非对映体的盐比另一种非对映体的盐在甲醇中的溶解度小，故易从溶液中以结晶形式析出，再经稀碱处理，可使(−)-α-苯乙胺游离出来。母液中含有(+)-胺(+)-酸盐，原则上经提纯后可以得到另一个非对映体的盐，再经稀碱处理可得到(+)-胺。本实验只分离对映异构体之一，即左旋异构体，因右旋异构体的分离较为困难。

本实验用(+)-酒石酸为拆解剂，它与外消旋α-苯乙胺形成非对映异构体的盐，相关反应如下：

$$C_6H_5C(=O)CH_3 + 2HCO_2NH_4 \longrightarrow C_6H_5CH(CH_3)-NHCHO + NH_3\uparrow + CO_2\uparrow + 2H_2O$$

$$C_6H_5CH(CH_3)-NHCHO + HCl + H_2O \longrightarrow C_6H_5CH(CH_3)\overset{+}{N}H_3Cl^- + HCOOH$$

$$C_6H_5CH(CH_3)\overset{+}{N}H_3Cl^- + NaOH \longrightarrow \underset{(\pm)\text{-苯乙胺}}{C_6H_5CH(CH_3)NH_2} + NaCl + H_2O$$

三、实验材料

(一)仪器

如图3-4所示，该实验的需的仪器有：克氏蒸馏瓶，冷凝管，温度计，分液漏斗，锥形瓶及尾气吸收装置。

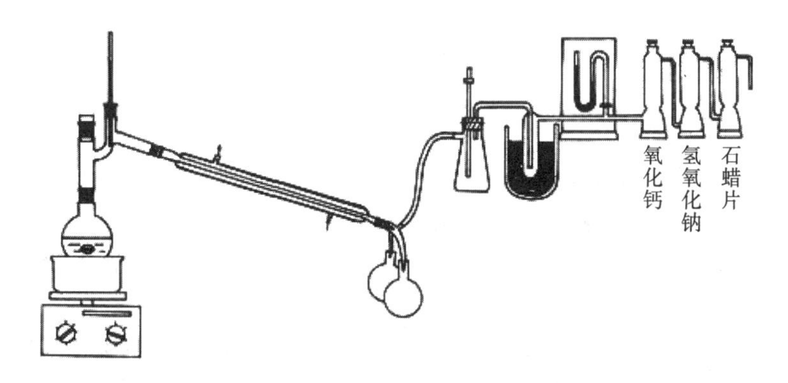

图3-4 α-苯乙胺的制备装置图

(二)材料

6.3g(0.041mol)(+)-酒石酸，甲醇，乙醚，50%氢氧化钠，12g苯乙酮(11.8mL，0.1mol)，20g甲酸铵(0.32mol)，氯仿，浓盐酸，氢氧化钠，甲苯，乙醚和消泡剂。

四、实验步骤

(一)α-苯乙胺的制备

向100mL蒸馏瓶中加入11.8mL苯乙酮、20g甲酸铵和沸石，在蒸馏头上插入水银球接近瓶底的温度计，侧口连接冷凝管配成简单的蒸馏装置。在石棉网上用小火将反应混合物加热至150～155℃，可以看到甲酸铵开始熔化并分为两相，随后逐渐变为均相。此时反应物剧烈沸腾，并伴有水和苯乙酮蒸出，同时不断产生泡沫放出氨气和二氧化碳。继续缓慢加热，当温度达到185℃时停止加热，此过程通常约需要1.5h。反应过程中可能会在冷凝管上生成少量固体碳酸铵，可暂时关闭冷凝水使固体溶解，以免堵塞冷凝管。

将馏出物转入分液漏斗中，分出苯乙酮层并重新倒回反应瓶中，再继续加热 1.5h，控制反应温度不超过 185℃。

将反应物冷却至室温，再转入分液漏斗中，用 15mL 水洗涤，以除去甲酸铵和甲酰胺，分出*N*-甲酰-*α*-苯乙胺粗品，将其倒回原反应瓶。水层每次用 6mL 氯仿萃取两次，合并两次萃取液并倒回反应瓶，弃去水层。向反应瓶中加入 12mL 浓盐酸和沸石，加热蒸出所有氯仿，再继续保持微沸回流 30～45min 使*N*-甲酰-*α*-苯乙胺水解。将反应物冷却至室温，如有结晶析出，滴加少量水使其刚好溶解，然后每次用 6mL 氯仿萃取三次，合并三次萃取液并倒入指定容器中回收氯仿，水层转入 100mL 三颈瓶中。

将三颈瓶置于冰水浴中冷却，缓慢加入用 10g 氢氧化钠溶于 20mL 水制成的溶液并加以振摇，然后进行水蒸气蒸馏。用 pH 试纸检验馏出液，开始为碱性，至馏出液 pH 为 7 时停止蒸馏，此过程约收集馏出液 65～80mL。

将含有游离胺的馏出液每次用 10mL 甲苯萃取三次，合并三次萃取液，加入粒状氢氧化钠干燥并塞住瓶口。将干燥后的甲苯溶液用滴液漏斗分批加入到 25mL 蒸馏瓶中，先蒸馏去除甲苯，然后改用空气冷凝管蒸馏收集 180～190℃馏分，产量约为 5～6g，塞好瓶口准备进行拆分实验。

纯的 *α*-苯乙胺沸点为 187.4℃。此阶段实验约需 8h。

（二）*s*-(－)-*α*-苯乙胺的分离

在 250mL 锥形瓶中加入 6.3g(＋)-酒石酸和 90mL 甲醇，并在水浴上加热至接近沸腾(60℃)，搅拌使酒石酸溶解。然后在搅拌下缓慢加入 5g *α*-苯乙胺，此步必须小心操作，以免混合物沸腾或起泡溢出。冷却至室温后，将烧瓶塞住，放置 24h 及以上，析出白色棱状晶体。假如析出的是针状晶体，可重新加热溶解并冷却至完全析出棱状晶体。抽气过滤并用少许冷甲醇洗涤晶体，干燥后得约 4g(－)-胺(＋)-酒石酸盐。以下步骤为缩短操作时间，可由两个学生将各自的产品(约为 8g 盐的晶体)合并起来操作。将 8g (－)-胺(＋)-酒石酸盐置于 250mL 锥形瓶中，加入 30mL 水并搅拌使部分结晶溶解，接着加入 5mL 50％氢氧化钠，搅拌混合物至固体完全溶解。将溶液转入分液漏斗中，每次用 15mL 乙醚萃取两次。合并两次乙醚萃取液，并用无水硫酸钠干燥，水层倒入指定容器中回收(＋)-酒石酸。

将干燥后的乙醚溶液用滴液漏斗分批转入到 25mL 圆底烧瓶中，并在水浴上蒸去乙醚，然后蒸馏收集 180～190℃馏分于一已称重的锥形瓶中，收集的产量约为 2～2.5g。用塞子塞住锥形瓶准备测定比旋光度。

（三）比旋光度的测定

因制备规模限制，产生的纯胺数量不足以充满旋光管，故必须用甲醇加以稀释。用移液管量取 10mL 甲醇置于盛胺的锥形瓶中，振摇使胺溶解，此时溶液的总体积非常接近 10mL(加上胺的体积，或者是后者的质量除以其密度 $d=0.9395$，两个体积的加和值在本步骤中引起的误差可以不计)。根据胺的质量和总体积，计算出胺的浓度(g/mL)。将溶液置于 2cm 的样品管中，测定旋光度及比旋光度，并计算拆分后胺的光学纯度。纯 *s*-(－)-*α*-苯乙胺的$[\alpha]_D^{15}=-39.5°$。此阶段实验需要 6h。

(四)结果与讨论

根据所得到的比旋光度计算产物的纯度。

五、注意事项

(1)s-(−)-α-苯乙胺的分离过程中，必须得到棱状晶体，这是实验成功的关键。如溶液中析出针状晶体，可采取以下步骤。

①由于针状晶体易溶解，可加热反应混合物至恰好针状晶体已完全溶解而棱状晶体未开始溶解为止，重新放置过夜。

②分出少量棱状晶体，加热反应混合物至其余晶体全部溶解，稍微冷却后用取出的棱状晶体作种晶。如析出的针状晶体较多时，此方法更为适宜。如有现成的棱状晶体，在放置过夜前接种效果更好。

(2)蒸馏α-苯乙胺时容易起泡，可加入1～2滴消泡剂(聚二甲基硅烷0.001%的己烷溶液)。

(3)作为一种简化处理，可将干燥后的醚溶液直接过滤到一已事先称重的圆底烧瓶中，先在水浴上尽可能蒸去乙醚，再用水泵抽去残余的乙醚。称量烧瓶即可计算出(−)-α-苯乙胺的质量。此法省去了进一步的蒸馏操作。

【思考题】

(1)本实验中关键的步骤有哪些?

(2)如何控制反应条件才能分离出纯的旋光异构体?

实验八 柱色谱法分离邻硝基苯胺和对硝基苯胺

一、实验目的

(1)巩固薄层层析，并掌握柱层析分离的操作技能。

(2)掌握用柱色谱法分离邻硝基苯胺和对硝基苯胺的操作步骤。

二、实验原理

液体样品从柱顶加入，流经吸附柱时，即被吸附在柱中固定相(吸附剂)的上端，然后从柱顶加入流动相(洗脱剂)淋洗。由于固定相对各组分吸附能力不同，各组分将以不同的速度沿色谱柱下移。吸附能力弱的组分随洗脱剂首先流出，吸附能力强的组分则后流出，分段接收各组分即可达到分离、提纯的目的[26]。

(一)选择吸附剂

(1)常用的吸附剂：氧化铝，硅胶，氧化镁，碳酸钙和活性炭等。

(2)选择规则：①吸附剂必须与被吸附物质和展开剂无化学作用；②吸附剂的颗粒大小要适中；③可以根据被提纯物质的酸、碱性选择合适的吸附剂。

(二)选择洗脱剂

根据被分离物各组分的极性和溶解度选择相应极性的溶剂，当单一溶剂无法很好洗脱时，可考虑选择混合溶剂。

溶剂的洗脱能力按递增次序排列如下：己烷(石油醚)，四氯化碳，甲苯，苯，二氯甲烷，氯仿，乙醚，乙酸乙酯，丙酮，丙醇，乙醇，甲醇和水。

(三)装柱

色谱柱的大小应视处理量而定，柱长与直径之比一般为 10∶1～20∶1。固定相用量与分离物质用量比约为 50∶1～100∶1。装柱方法分湿法和干法两种，无论哪一种，装柱的过程中都要严格排除空气，并且吸附剂不能有裂缝。上样前必须使吸附剂在洗脱剂的流动过程中进行沉降至高度不变为止，此为压柱。

(四)上样及淋洗分离

将要分离的混合物用适当的溶剂溶解后，用滴管沿柱壁缓慢加入到吸附剂表面。当被分离物的溶液面降至吸附剂表面时，立即加入洗脱剂进行淋洗，此时可以配合薄层层析来确定各组分的分离情况。

三、实验材料

(一)仪器

如图 3-5 所示，本实验所需仪器有：滴液漏斗，玻璃色谱柱，抽滤瓶及烧杯。

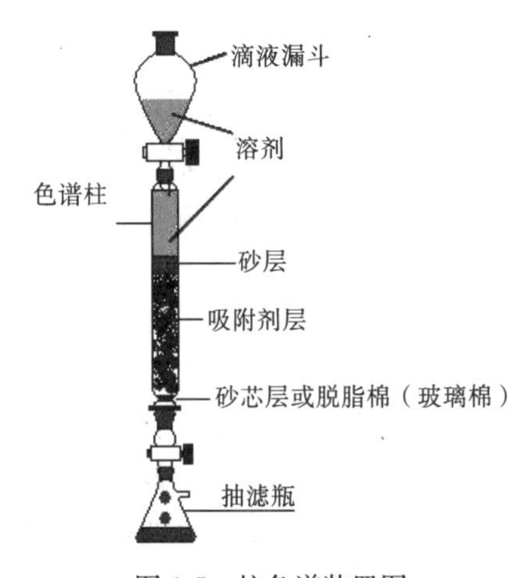

图 3-5 柱色谱装置图

(二)材料

二氯甲烷，氧化铝和硝基苯胺等。

四、实验步骤

(一)装柱

选择一根层析柱并关闭活塞，加入5mL二氯甲烷，打开活塞控制流出速度为1d/s；从柱顶加入15g活性氧化铝，边加边轻敲层析柱，使填装紧密、均匀，且氧化铝顶端水平；最后加入剩余洗脱剂并压柱。

(二)制样

取0.05g硝基苯胺粗品溶于1mL二氯甲烷中。

(三)洗脱分离

当洗脱剂二氯甲烷的液面刚好降至氧化铝上端表面时，迅速用滴管滴加上述配好的样品溶液。当样品溶液面再次降至氧化铝表面时，用滴管加入二氯甲烷淋洗，随后可观察到色带的形成和分离。

(四)结果与讨论

记录实验条件和过程，检测产品纯度及含量。

五、注意事项

(1)粗品溶液的浓度应尽可能高，所以要控制溶剂的量。

(2)整个过程洗脱剂都应覆盖吸附剂，即二氯甲烷液面不能下降至氧化铝顶端及以下，否则可能带进大量气泡引起柱裂，影响分离效果。

【思考题】

(1)如何除去对硝基苯胺粗产物中的邻硝基苯胺?

(2)柱色谱法分离纯化的基本原理是什么?

实验九　相转移催化法用甲苯氧化制备苯甲酸

一、实验目的

(1)了解由甲苯为原料制备苯甲酸的路线和方法。
(2)掌握氧化反应及相转移催化反应。
(3)学习回流和减压过滤等单元操作。
(4)学习机械搅拌器的使用。

二、实验原理

苯甲酸(benzoic acid)俗称安息香酸，常温常压下是鳞片状或针状晶体，带有苯或甲醛的臭味，易燃；密度为1.2659(25℃)，沸点为249.2℃，折光率为1.540(15℃)；微溶于水，易溶于乙醇、乙醚、氯仿、苯、二硫化碳、四氯化碳和松节油。苯甲酸可用作食品防腐剂、醇酸树脂和聚酰胺的改性剂及医药和染料中间体，还可以用于制备增塑剂和香料等。此外，苯甲酸及其钠盐还是金属材料的防锈剂[27]。

氧化反应是制备羧酸的常用方法，芳香族羧酸通常用氧化含有α-H的芳香烃来制备。芳香烃的苯环比较稳定且难于氧化，制备羧酸需采用比较强烈的氧化条件，而氧化反应一般都是放热反应，所以控制反应在一定的温度下进行是非常重要的。如果反应失控，不但可能破坏产物，导致产率降低，还可能有发生爆炸的危险。采用相转移催化剂完成甲苯氧化制备苯甲酸，可以优化反应过程，缩短反应时间并提高反应收率。

本实验是采用四丁基溴化胺(TBAB)为催化剂，高锰酸钾为氧化剂，由甲苯制备苯甲酸，反应式如下：

$$C_6H_5CH_3 + KMnO_4 \xrightarrow[\triangle]{TBAB} C_6H_5COOK + MnO_2 + H_2O$$

$$C_6H_5COOK + HCl \longrightarrow C_6H_5COOH + KCl$$

以季铵盐为催化剂的原理为($Q^+ = [R_4N]^+$)

$$C_6H_5CH_3 + Q^+MnO_4^- \rightleftharpoons C_6H_5COO^- + MnO_2 + Q^+ \quad (org)$$

$$\updownarrow \qquad\qquad \text{界面} \qquad\qquad \updownarrow$$

$$KX + Q^+MnO_4^- \rightleftharpoons KMnO_4 + X^- + Q^+ \quad (ag)$$

三、实验材料

(一)仪器

如图 3-6 和图 3-7 所示，本实验需要用到的仪器有：三口烧瓶(250mL)，球形冷凝管，温度计(0～200℃)，量筒(5mL)，抽滤瓶(500mL)，布氏漏斗，托盘天平，电热套，玻璃水泵和胶管等。

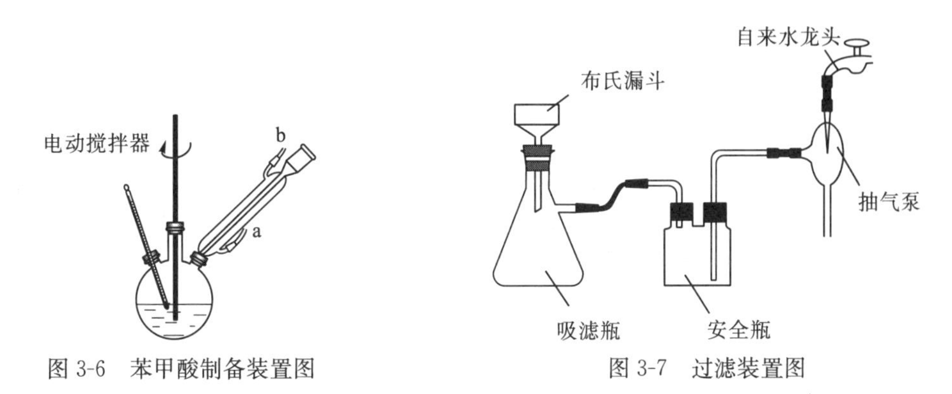

图 3-6　苯甲酸制备装置图　　图 3-7　过滤装置图

(二)材料

甲苯，高锰酸钾，相转移催化剂(氧化铁、PEG400 及 TBAB)，无水碳酸钠，盐酸，亚硫酸氢钠，氢氧化钠，酚酞指示剂和甲基橙指示剂等。

(三)实验流程图

苯甲酸生产工艺流程如图 3-8 所示。

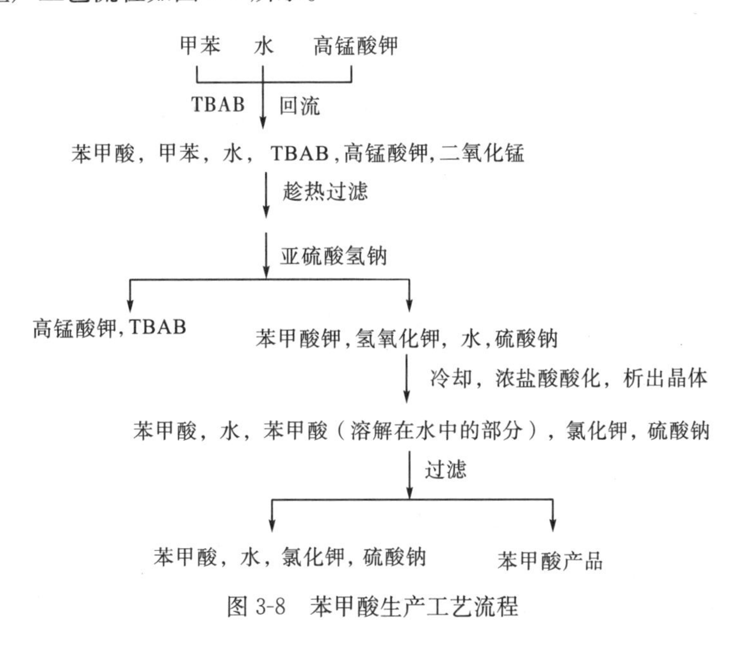

图 3-8　苯甲酸生产工艺流程

四、实验步骤

(一)苯甲酸制备

在250mL三口烧瓶中加入2.7mL甲苯、100mL水和一定量(约0.8g)的相转移催化剂，在石棉网上加热至沸腾。分两批加入8.5g高锰酸钾，黏附于瓶口的高锰酸钾用少量水冲入瓶内。继续在搅拌下反应2h，直至甲苯层几乎消失，并且回流液不再出现油滴为止。

(二)产物分离纯化

将反应混合物趁热减压过滤，用少量热水洗涤滤渣二氧化锰，合并滤液和洗涤液，加入少量的亚硫酸氢钠还原未反应完的高锰酸钾，直至紫色退去。再次减压过滤，将滤液放于冰水浴中冷却，随后在搅拌的同时加入浓盐酸酸化，调节溶液pH至强酸性(pH<4)，析出苯甲酸晶体，减压过滤可得到苯甲酸粗品。

(三)结果与讨论

记录实验条件和过程，检测产品纯度及含量。

五、注意事项

(1) 制备苯甲酸反应得到的混合物一定要趁热过滤。
(2) 采用不同相转移催化剂时，要注意比较各反应的现象、过程和结果。

【思考题】

(1)在氧化反应中，影响苯甲酸产量的主要因素有哪些?
(2)反应结束后如果溶液呈紫色，为什么需要加入亚硫酸氢钠?

实验十　萃取蒸馏法回收医药溶媒

一、实验目的

(1)熟悉精馏实验的基本操作，加深对萃取蒸馏法原理的理解。
(2)掌握制药溶媒回收方法——萃取精馏法。
(3)掌握利用阿贝折射仪分析液体组成的方法。

二、实验原理

萃取蒸馏常用来分离某些相对挥发度较小的物质，通常采用一种不易挥发、具有高沸点且易溶的溶剂与混合物混合，该溶剂并不与混合物中的组分形成恒沸物，但能使各个组分的相对挥发度发生变化，从而使它们可以在蒸馏过程中被各自分离。挥发度高的组分通常成为塔顶产品，而塔釜产品则由溶剂和另一组分混合而成[30]。萃取剂在两组分分离过程中扮演着重要的角色，因此选择哪种萃取剂是萃取精馏的关键。值得注意的是，需要选择能显著增大某组分相对挥发度的溶剂，这样才能实现各组分的分离。同时，选择的溶剂不能与各组分或混合物发生化学反应，在塔釜中容易被分离，并且不能在设备中引起腐蚀，此外还要考虑溶剂的经济性(需要使用的量、其本身价格和可用性)。

三、实验材料

(一)仪器

如图 3-9 所示，本实验所需仪器为：萃取精馏塔，恒温水流溶剂储槽，加料泵，高位槽，冷凝器及产品接收器。

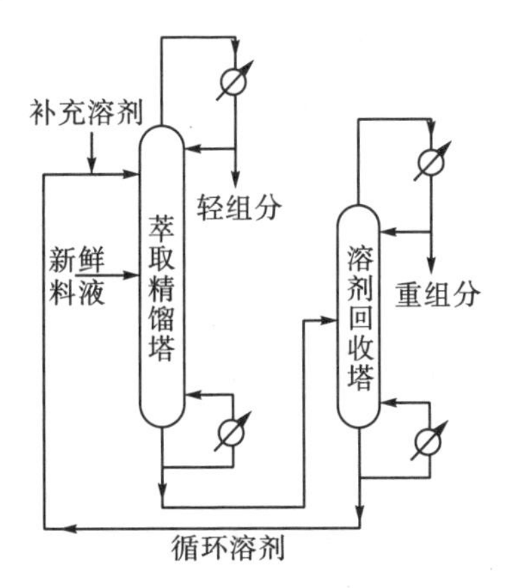

图 3-9　萃取精馏装置流程图

(二)材料

乙醇，蒸馏水，乙二醇，量筒，锥形瓶和烧杯。

四、实验步骤

(1)向恒温水浴溶剂储槽中加入一定量的乙二醇，再向塔釜中加入待分离的原料(乙醇—水)。

(2)开通溶剂循环系统，将溶剂温度设定在 85～90℃。

(3)检查萃取精馏装置流程各个接口，若密封性完好则通冷凝水，再打开电源开关开始加热，同时打开自动加热和变压器手动加热，变压器控制在200V左右，全回流操作。

(4)调节变压器电压，稳定水的压差在1000～1200mm。

(5)每隔5min记录塔顶温度和塔釜温度、塔压降，待稳定30min后取塔顶样品分析。

(6)以恒定的流速向塔内添加乙二醇萃取剂，全回流稳定30min后打开回流比控制器，回流比设定为1∶1，每10min记录一次加热电压、釜温、顶温和全塔压降。

(7)用塔顶产品接收器收集馏出液，并用气相色谱仪测定其组成。

(8)塔顶产品低于规定组成时，停止加入溶剂，产品采出阶段结束。

(9)继续加热采出过渡馏分，每10min采出塔顶样品进行分析，当塔顶样品中出现乙二醇时，再取塔釜样品分析其组成。

(10)停止加热，切断电源，继续通冷凝水至塔釜温度降至室温，最后关闭冷凝水。

(11)根据实验过程记录实验数据，对乙醇做全塔物料衡算。

五、注意事项

(1)本实验过程需要特别注意安全，严禁干烧加热器，以免发生触电事故。

(2)实验开始试车运行时必须先通冷凝水，再加热塔釜，停车时则反之。

【思考题】

(1)在实验操作中回流比该如何确定?

(2)如要得到高纯度产品，哪些操作比较关键?试提出一些改进方法。

第二节　化学药物制备工艺实验

实验十一　盐酸普鲁卡因的制备工艺

一、实验目的

(1)通过局部麻醉药盐酸普鲁卡因的合成，学习酯化和还原等单元反应。

(2)掌握利用水和二甲苯共沸脱水的原理和分水器的作用及操作方法。

(3)掌握利用盐析法对水溶性大的盐类进行分离及精制的方法。

二、实验原理

盐酸普鲁卡因(Procaine Hydrochloride)为应用较广的一种局部麻醉药，其作用强且毒性低，临床上常用其盐酸盐做成针剂使用。盐酸普鲁卡因的化学名为对氨基苯甲酸-

2-二乙氨基乙酯盐酸盐，又名奴佛卡因(Novocain)，其化学结构式为

$$H_2N-C_6H_4-COOCH_2CH_2N(C_2H_5)_2\cdot HCl$$

本品为白色细微针状结晶或结晶性粉末，无臭，味微苦而麻，熔点为 153～157℃，且易溶于水，溶于乙醇，微溶于氯仿，几乎不溶于乙醚。

盐酸普鲁卡因的合成路线如下[28]：

1)酯化反应(对硝基苯甲酸-β-二乙氨基乙酯的制备)

$$O_2N-C_6H_4-COOH \xrightarrow[\text{二甲苯}]{HOCH_2CH_2N(C_2H_5)_2} O_2N-C_6H_4-COOCH_2CH_2N(C_2H_5)_2$$

2)还原反应(对氨基苯甲酸-β-二乙氨基乙酯的制备)

$$O_2N-C_6H_4-COOCH_2CH_2N(C_2H_5)_2 \xrightarrow{Fe/HCl} H_2N-C_6H_4-COOCH_2CH_2N(C_2H_5)_2\cdot HCl$$

$$\xrightarrow{20\%NaOH} H_2N-C_6H_4-COOCH_2CH_2N(C_2H_5)_2$$

3)精制成盐(盐酸普鲁卡因的制备)

$$H_2N-C_6H_4-COOCH_2CH_2N(C_2H_5)_2 \xrightarrow{\text{浓盐酸}} H_2N-C_6H_4-COOCH_2CH_2N(C_2H_5)_2\cdot HCl$$

三、实验材料

(一)仪器

磁力搅拌器，磁子，触点温度计，分水器，球形冷凝器，500mL 三颈瓶，250mL 量筒，250mL 锥形瓶，抽滤瓶和布氏漏斗。

(二)材料

对硝基苯甲酸，β-二乙氨基乙醇，二甲苯，盐酸，铁粉，20%氢氧化钠，浓盐酸，饱和硫化钠溶液，活性炭，精制食盐，冷乙醇和保险粉等。

四、实验步骤

(一)对硝基苯甲酸-β-二乙氨基乙酯(俗称硝基卡因)的制备(酯化)

(1)在装有搅拌磁子、温度计、分水器及回流冷凝器的 500mL 三颈瓶中，放入 20g 对硝基苯甲酸、14.7g β-二乙氨基乙醇和 150mL 二甲苯，并加热至回流(注意控制温度，内温约为 145℃)。

(2)共沸带水 6h 后停止加热，待反应液稍微冷却后倒入 250mL 锥形瓶中，放置过夜即可析出固体。

(3)用倾泻法将上清液转移至减压蒸馏烧瓶中，再用水泵减压蒸除二甲苯，残留物以

180mL 3%盐酸溶解，并与锥形瓶中的固体合并，过滤除去未反应的对硝基苯甲酸，滤液(含硝基卡因)备用。

(二)对氨基苯甲酸-β-二乙氨基乙酯的制备(还原)

(1)将上步得到的滤液转移至装有搅拌棒和温度计的500mL三颈瓶中，搅拌下用20%氢氧化钠调节pH为4.0～4.2。

(2)充分搅拌下，于25℃下分次加入经活化的铁粉，约0.5h加完，此时反应温度自动上升，注意控制温度不超过70℃(必要时可冷却)。

(3)待铁粉加完，于40～45℃下反应2h至溶液转变成棕黑色。

(4)对溶液进行抽滤，滤渣以少量水洗涤两次(每次10mL)，滤液以10%稀盐酸酸化至pH为5。

(5)向滤液中滴加饱和硫化钠溶液，调溶液的pH为7.8～8.0，待滤液中的铁盐完全沉淀后再进行抽滤，滤渣以少量水洗涤两次，滤液用稀盐酸(10%)酸化至pH为6。

(6)加少量(一匙)活性炭，于50～60℃下反应10min，随后抽滤并用少量水洗涤滤渣一次，再用冰水浴将滤液冷却至10℃及以下，最后用20%氢氧化钠碱化至普鲁卡因全部析出(pH9.5～10.5)，过滤得普鲁卡因，备用。

(三)盐酸普鲁卡因的制备(成盐与精制)

1. 成盐

将制得的普鲁卡因置于干燥的小烧杯中，用冰水浴冷却，先慢慢向其中滴加浓盐酸至pH为5.5，再加热至50℃；然后向烧杯中添加精制食盐至饱和，再加热至60℃；随后加入适量保险粉(约为盐基重量的0.5%)，再加热至65～70℃；最后趁热过滤，滤液冷却结晶，待冷至10℃及以下时抽滤，即得盐酸普鲁卡因粗品。

2. 精制

将粗品置于干燥的烧杯中，滴加蒸馏水至温度维持在70℃时粗品恰好溶解(按1∶1.5左右加水)。然后向其中加入适量的保险粉，于70℃下反应10min，趁热过滤后等待滤液自然冷却。当有结晶析出时，再用冰水浴冷却，使结晶完全析出。最后再次过滤，滤饼用少量冷乙醇洗涤两次，干燥后得盐酸普鲁卡因，以对硝基苯甲酸计算总收率。

五、工艺控制点

(1)还原反应为放热反应，铁粉必须分次加入，以免反应过于剧烈。加完铁粉后，反应温度会自然上升，保持在45℃左右为宜，并注意反应颜色的变化(绿→棕→黑)。若反应液没有转变成棕黑色，表示反应尚未完全，可补加适量活化铁粉，继续反应一段时间。

(2)铁粉活化：取35g铁粉，加100mL水和0.6mL浓盐酸，加热至微沸后用水倾泻法洗至近中性，最后置于水中保存待用。

(3)在盐酸普鲁卡因精制成盐的过程中，需严格掌握溶液pH为5.5，以免芳胺基成盐。

六、注意事项

(1)本反应利用二甲苯和水形成共沸混合物的原理，将生成的水不断除去，从而打破平衡，使酯化反应趋于完全。由于水的存在对反应将产生不利的影响，故实验中使用的试剂和仪器应事先干燥。

(2)对硝基苯甲酸-β-二乙氨基乙酯制备过程结束后，反应液中对硝基苯甲酸应除尽，否则将会影响产品质量。

(3)除铁时，因溶液中有过量的硫化钠存在，加酸后可使其形成胶体硫，加入活性炭后过滤，便可使其除去。

(4)盐酸普鲁卡因水溶性很大，所用仪器必须干燥，且用水量需严格控制，否则将会影响收率。

(5)保险粉为强还原剂，可防止芳胺基氧化，同时可除去有色杂质以保证产品色泽洁白，但若用量过多，则会造成成品含硫量不合格。

【思考题】

(1)在盐酸普鲁卡因的制备中，为何用对硝基苯甲酸为原料先酯化再还原，能否反之，即先还原后酯化，为什么?

(2)酯化反应中，为何加入二甲苯作溶剂?

(3)酯化反应结束后，放冷除去的固体是什么？为什么要除去?

(4)在铁粉还原过程中，为什么会发生颜色变化？阐述其反应机制。

(5)还原反应结束后为什么要加入硫化钠?

(6)在盐酸普鲁卡因成盐和精制时，为什么要加入保险粉?

实验十二　巴比妥的制备工艺

一、实验目的

(1)了解巴比妥的合成过程。

(2)掌握无水操作技术。

(3)复习蒸馏、回流、重结晶和减压蒸馏等有机化学的基本操作。

二、实验原理

巴比妥(Barbital)，又叫做巴比通(Barbitone)，是一种常见的巴比妥类药物，其化学名为5，5-二乙基巴比妥酸，其分子结构式如图3-10所示。巴比妥是一种长时间作用的催眠药，主要用于狂躁、忧郁或神经过度兴奋引起的失眠。

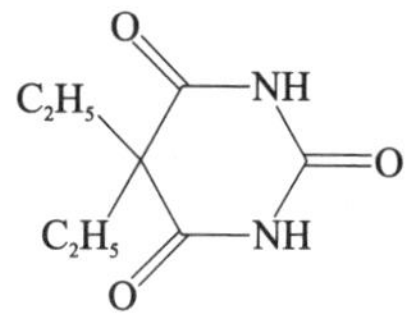

巴比妥在常态下为白色结晶或结晶性粉末，化学式为$C_8H_{12}N_2O_3$，相对分子质量为184.19，熔点为189～192℃，味微苦，无臭味。巴比妥难溶于水，溶于氯仿、丙酮及乙醚，易溶于沸水和乙醇。

图3-10 巴比妥的分子结构式

巴比妥的合成路线如下[29,30]：

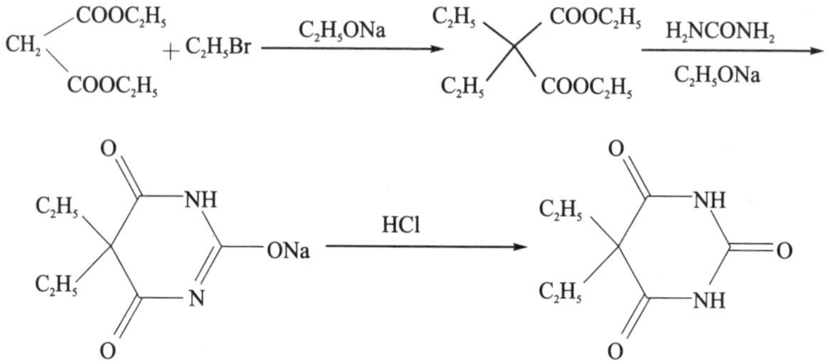

三、实验材料

(一)仪器

加热回流及蒸馏装置，恒压滴液漏斗，分液漏斗，磁力搅拌器，克式蒸馏头，抽滤瓶和真空泵等。

(二)材料

丙二酸二乙酯，溴乙烷，金属钠，无水乙醇，尿素，浓盐酸，邻苯二甲酸二乙酯，无水硫酸钠和乙醚等。

四、实验步骤

(一)绝对乙醇的制备

向装有球形冷凝器(顶端附有氯化钙干燥管)的圆底烧瓶中，加入180mL无水乙醇、2g金属钠和几粒沸石，加热回流30min后再加入6mL邻苯二甲酸二乙酯，再回流10min。随后，将加热回流的装置改装成蒸馏装置，蒸去前馏分。先检验乙醇中是否含水，若不含水则用干燥的圆底烧瓶作为接收器，蒸馏至几乎无液滴馏出，最后量其体积，计算回收率并密封保存。

(二)二乙基丙二酸二乙酯的制备

将滴液漏斗、搅拌器及球形冷凝器（顶端附有氯化钙干燥管）安装在250mL三颈瓶中，向三颈瓶中加入 75mL 绝对乙醇后，再分次向瓶中加入 6g 金属钠。反应缓慢后，用不高于 90℃的油浴加热再搅拌，待金属钠完全消失后，经滴液漏斗缓慢加入 18mL 丙二酸二乙酯，10～15min 加完后回流 15min，使油浴温度降到 50℃及以下，此时用滴液漏斗缓慢滴加溴乙烷，15min 加完后再继续回流 2.5h。回流结束后将装置改为蒸馏装置，先蒸去大部分乙醇(但不要蒸干)，冷却后用 40～45mL 水溶解药渣，并转入分液漏斗中分去酯层，再用乙醚提取三次水层，每次用 20mL 乙醚。合并酯与醚提取液，用 20mL 水洗涤一次，将醚液倒入 125mL 锥形瓶内并加入 5g 无水硫酸钠放置保存。

(三)二乙基丙二酸二乙酯的蒸馏

将制得的二乙基丙二酸二乙酯乙醚液过滤，蒸去乙醚，再将剩余溶液置于沙浴上蒸馏(蒸馏装置装有空气冷凝管)，收集 218～222℃馏分并称量，计算收率后密封保存二乙基丙二酸二乙酯。

(四)巴比妥的制备

将搅拌器及球形冷凝器(顶端附有氯化钙干燥管)安装在 250mL 三颈瓶中，向其中加入 50mL 绝对乙醇后，再分次加入 2.6g 金属钠。待反应缓慢后开始搅拌，随后金属钠完全消失，再分别加入 10g 二乙基丙二酸二乙酯和 4.4g 尿素，加完后马上升温至 80～82℃。此时停止搅拌，并保温反应 80min。保温反应结束后将装置改为蒸馏装置，在搅拌的同时蒸去乙醇，至常压不易蒸出时，改为减压蒸馏使剩余的乙醇完全蒸出。最后用 80mL 水溶解残渣，再倒入盛有 18mL 稀盐酸(浓盐酸：水=1：1)的烧杯中，调节 pH 为 3～4，析出结晶，抽滤后得粗品并称重。

(五)精制

将粗品置于 150mL 锥形瓶中，用 35mL 水加热溶解，加入少许活性炭脱色并持续煮沸 15min。趁热抽滤，将滤液冷却至室温，析出白色结晶，抽滤后用水洗涤晶体再烘干，测熔点并计算收率。

(六)结构确证

(1)采用标准品 TLC 对照法测定。

(2)采用紫外分光光度计法测定。

(3)采用红外吸收光谱法及核磁共振光谱法联合测定。

五、工艺控制点

(1)整个实验过程应在完全无水的条件下操作。

(2)制备二乙基丙二酸二乙酯的过程中，在滴加溴乙烷前，瓶内温度要降低到 50℃及以下。

六、注意事项

(1)由于本实验无水操作要求较高，所以实验中所用仪器及试剂必须进行彻底干燥。因无水乙醇的吸水性较强，故在操作和存放无水乙醇时必须防止水分侵入。

(2)实验过程中，由于金属钠易吸收空气中的水分并发生剧烈反应，因此在取金属钠时必须戴干燥后的橡皮手套。添加钠时要用镊子添加，而未使用的金属钠要放回原瓶中，不可随意丢弃，以防发生火灾。

(3)在制备绝对乙醇的过程中，反应所需的无水乙醇所含水分不能超过0.5%，否则反应将难以进行。

(4)减压蒸馏过程中所有接口需用凡士林或真空酯密封，且所用圆底烧瓶不可用锥形瓶替代。

(5)由于溴乙烷易挥发并且容易发生副反应($C_2H_5ONa + C_2H_5Br \longrightarrow C_2H_5OC_2H_5 + NaBr$)，因此在滴加溴乙烷时，瓶内温度要降至50℃及以下。

(6)用沙浴蒸馏过程中，由于沙浴传热较慢，因此所铺的沙要薄。

【思考题】

(1)加入邻苯二甲酸二乙酯的目的是什么?

(2)在制备绝对乙醇过程中，如何检测乙醇是否含水?

(3)在制备无水试剂时应注意什么问题?

(4)工业上是如何制备无水乙醇(99.5%)的?

(5)在加热回流和蒸馏时，为什么要在冷凝管顶端或接收器支管上装置氯化钙干燥管?

实验十三 硝苯地平的制备工艺

一、实验目的

(1)了解硝化反应的种类、特点及操作条件。

(2)学习硝化剂的种类和不同应用范围。

(3)学习环合反应的种类、特点及操作条件。

二、实验原理

硝苯地平为黄色无臭无味的结晶粉末，熔点为162～164℃，无吸湿性，极易溶于丙酮、二氯甲烷及氯仿，溶于乙酸乙酯，微溶于甲醇、乙醇，几乎不溶于水。

二氢吡啶钙离子拮抗剂具有很强的扩血管作用，适用于冠脉痉挛、高血压和心肌梗死等疾病。

硝苯地平的合成路线如下：

CHO（苯甲醛） $\xrightarrow[H_2SO_4]{KNO_3}$ CHO, NO_2（间硝基苯甲醛） $\xrightarrow[NH_4OH]{CH_3COCH_2COOCH_2CH_3}$ NO_2, CH_3CH_2OOC, $COOCH_2CH_3$, H_3C, N H, CH_3（硝苯地平）

三、实验材料

(一)仪器

如图 3-11 和图 3-12 所示，本实验所需仪器有：三颈瓶，滴液漏斗，温度计，搅拌器，冷凝管，三角瓶，圆底烧瓶，球形冷凝器，磁力搅拌装置及橡胶管。

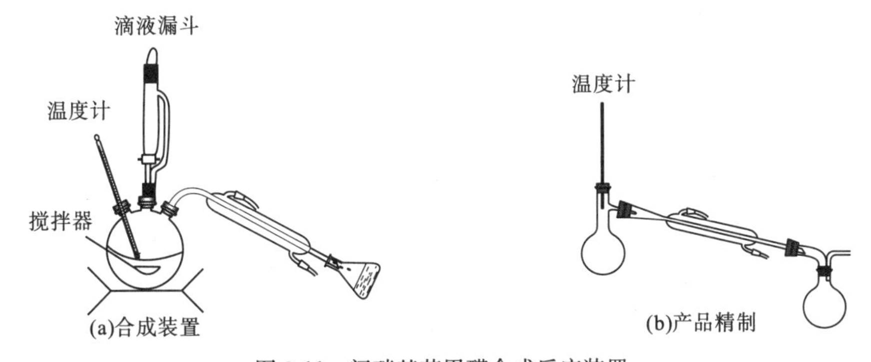

图 3-11 间硝基苯甲醛合成反应装置

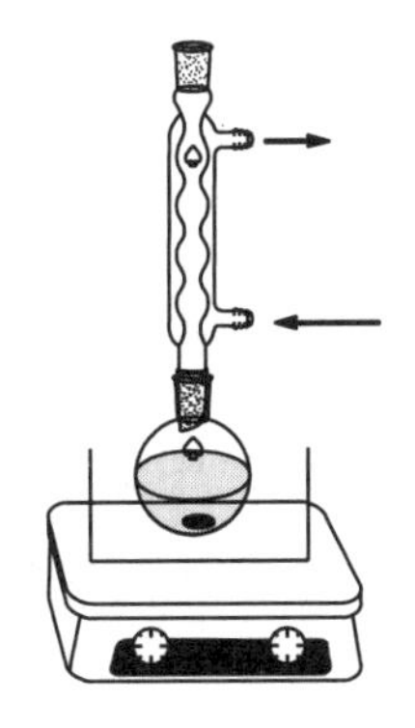

图 3-12 硝苯地平环合反应装置

(二)材料

浓硫酸，硝酸钾，苯甲醛，碳酸钠，乙酰乙酸乙酯，甲醇氨饱和溶液及沸石等。

(三)实验流程图

间硝基苯甲醛和硝苯地平的生产流程分别如图 3-13 和图 3-14 所示。

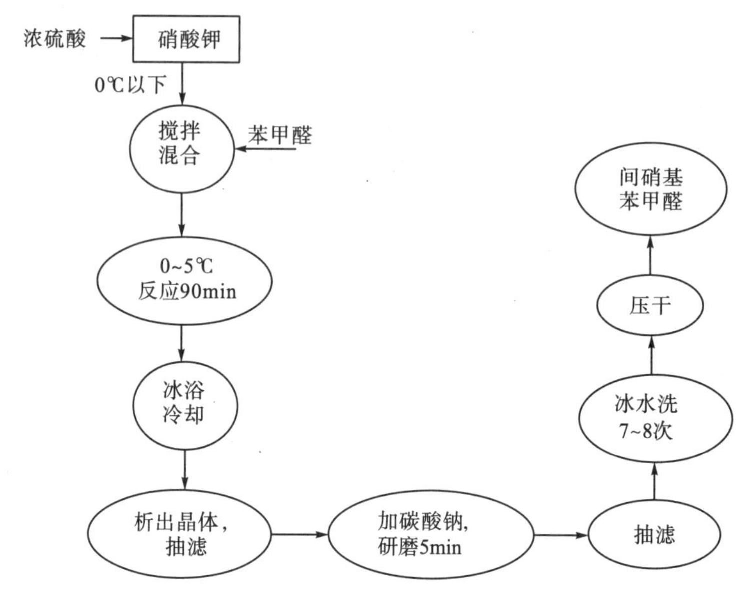

图 3-13 间硝基苯甲醛生产工艺流程

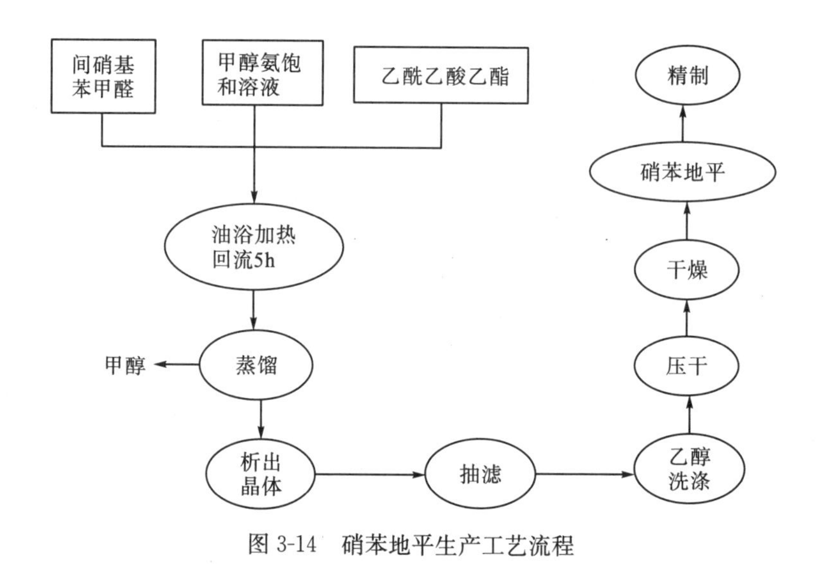

图 3-14 硝苯地平生产工艺流程

四、实验步骤

(一)硝化

在装有搅拌棒、温度计和滴液漏斗的 250mL 三颈瓶中，加入 11g 硝酸钾和 40mL 浓硫酸，用冰盐浴冷至 0℃及以下，随后剧烈搅拌并缓慢滴加 10g 苯甲醛(滴加时间为 60~

90min)，滴加过程中控制反应温度在 0～2℃。滴加完毕后控制反应温度在 0～5℃，并继续反应 90min。在搅拌下将反应物缓慢倾入 200mL 冰水中，析出黄色固体后再抽滤。将滤渣移至乳钵中研细，再加入 20mL 5%碳酸钠溶液(由 1g 碳酸钠加 20mL 水配成)研磨 5min，抽滤后用冰水洗涤 7～8 次，压干得间硝基苯甲醛。将间硝基苯甲醛自然干燥，称重，测熔点(纯品熔点为 56～58℃)并计算收率。

(二)环合

在装有球形冷凝器的 100mL 圆底烧瓶中，依次加入 5g 间硝基苯甲醛、9mL 乙酰乙酸乙酯、30mL 甲醇氨饱和溶液及沸石一粒，油浴加热回流 5h，然后改为蒸馏装置，蒸出甲醇至有结晶析出为止，再抽滤。结晶用 20mL 95%乙醇洗涤，压干得黄色结晶性粉末，最后干燥，称重并计算收率。

(三)精制

粗品以 95%乙醇(5mL/g)重结晶，干燥，称重，测熔点并计算收率。

(四)结果与讨论

记录实验条件与过程，检测产品纯度及含量，并计算产品收率。对反应过程进行物料衡算，并列出物料衡算表。

五、注意事项

甲醇氨饱和溶液应新鲜配制。

【思考题】

(1)浓硫酸在本实验中起什么作用?
(2)制备中间体间硝基苯甲醛时，为何需要控制反应温度为 0～5℃?

实验十四　苯佐卡因的制备及工艺路线分析

一、实验目的

(1)巩固化学药物制药工艺路线的设计和选择方法。
(2)掌握以对甲苯胺为原料，经氨基保护、氧化、氨基脱保护和 O-烷基化制备苯佐卡因的原理及方法。

(3)熟悉苯佐卡因中间体和原料药的工艺影响因素。

(4)熟悉苯佐卡因中间体和原料药的质量控制方法。

二、实验原理

苯佐卡因化学名为对氨基苯甲酸乙酯，为白色结晶性粉末，熔点为 88～90℃，易溶于乙醇，极微溶于水，其制备有 A 和 B 两条路线[31-34]。

(一)路线 A

由对硝基甲苯氧化成对硝基苯甲酸，再经乙酯化后还原而得。这是一条比较经济合理的路线，反应路线如图 3-15 所示。

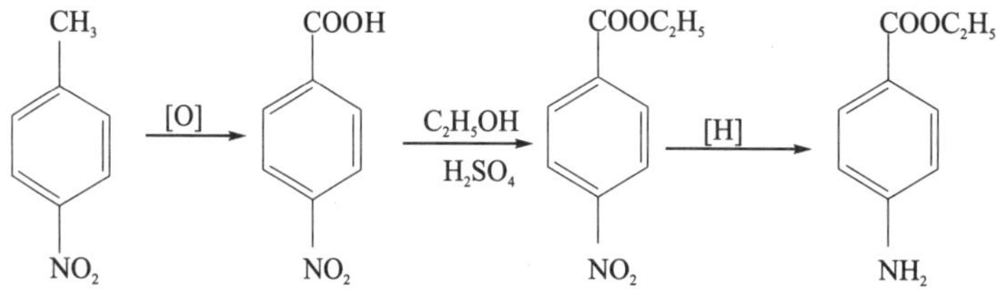

图 3-15　苯佐卡因合成路线 A

(二)路线 B

采用对甲苯胺为原料，经酰化、氧化水解和酯化一系列反应合成，反应路线如图 3-16 所示。

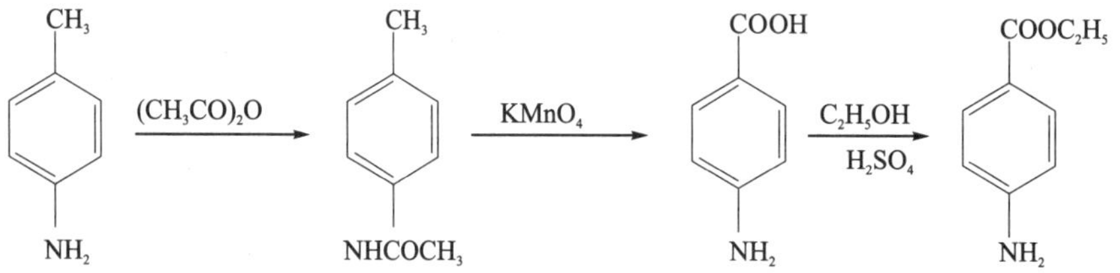

图 3-16　苯佐卡因合成路线 B

路线 B 虽长于路线 A 路，但原料易得，操作方便，适合实验室小量制备，所以路线 B 为本实验的推荐路线。路线 B 的合成反应原理如图 3-17 所示。

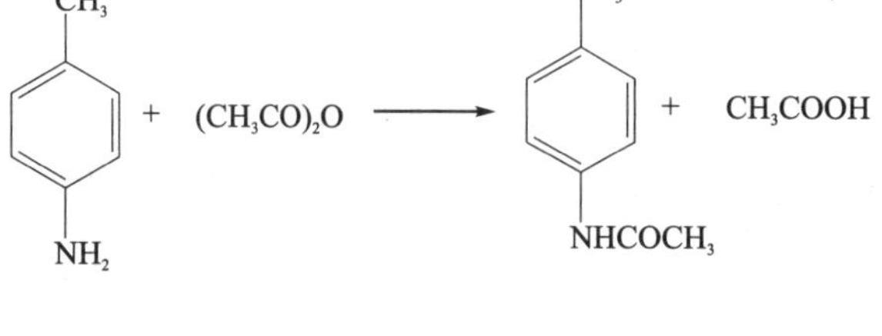

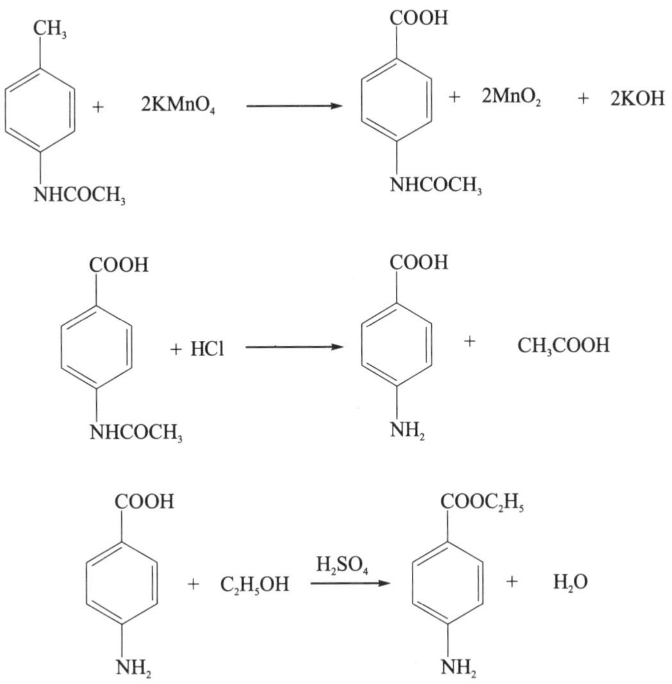

$$p\text{-}CH_3C_6H_4NHCOCH_3 + 2KMnO_4 \longrightarrow p\text{-}HOOCC_6H_4NHCOCH_3 + 2MnO_2 + 2KOH$$

$$p\text{-}HOOCC_6H_4NHCOCH_3 + HCl \longrightarrow p\text{-}HOOCC_6H_4NH_2 + CH_3COOH$$

$$p\text{-}HOOCC_6H_4NH_2 + C_2H_5OH \xrightarrow{H_2SO_4} p\text{-}C_2H_5OOCC_6H_4NH_2 + H_2O$$

图 3-17　路线 B 的合成反应原理

三、实验材料

(一)仪器

烧杯，量筒，玻璃棒，50mL 圆底烧瓶，100mL 圆底烧瓶，电子天平，水浴锅，电炉，抽滤装置，干燥箱，熔点仪，回流冷凝装置，恒温水浴装置，温度计，表面皿，分液漏斗，毛细管，TLC 硅胶板，紫外灯和红外光谱仪。

(二)材料

对甲苯胺，浓盐酸，活性炭，三水合醋酸钠，乙酸酐，冰块，七水合硫酸镁，高锰酸钾，滤纸，无水乙醇，20％硫酸，pH 试纸，18％盐酸，10％氨水，石蕊试纸，冰醋酸，浓硫酸，10％碳酸钠溶液，乙醚和无水硫酸镁。

四、实验步骤

(一)对甲基乙酰苯胺的制备

在 300mL 烧杯中加入 3.2g 对甲苯胺、50mL 水和 3mL 浓盐酸，再置于水浴中温热搅拌溶解。若溶液颜色较深，可加适量的活性炭脱色。同时，将 8.2g 三水合醋酸钠溶于 10mL 水中配置成醋酸钠溶液。将脱色后的对甲苯胺溶液加热至 50℃，加入 4mL 乙酸酐，再立即加入预先配置好的醋酸钠溶液，充分搅拌后于冰浴中冷却结晶，抽滤，干燥并称重。纯的对甲基乙酰苯胺的熔点为154～156℃。

（二）对乙酰氨基苯甲酸的制备

在500mL的烧杯中，加入自制的对甲基乙酰苯胺、9.8g七水合结晶硫酸镁和100mL水，随后在水浴锅上加热至85℃。同时，将7.9g高锰酸钾溶于50mL沸水中配制成高锰酸钾溶液。在充分搅拌下，将热的高锰酸钾溶液分批加入到对甲基乙酰苯胺中，并在85℃下继续搅拌15min。用两层滤纸趁热抽滤以除去二氧化锰沉淀，再用少量热水洗涤沉淀。若滤液呈紫色，可加入2～3mL乙醇煮沸直至紫色消失，然后趁热抽滤并待滤液自然冷却，再用20%硫酸将溶液调至酸性，最后抽滤，压干并称量湿重(湿产品可直接进行下一步合成)。纯品对乙酰氨基苯甲酸的熔点为250～252℃。

（三）对氨基苯甲酸的制备

将对乙酰氨基苯甲酸及18%的盐酸(按每克湿产品用5mL)置于100mL装有冷凝管的圆底烧瓶中，加热回流30min。待反应物冷却后，加入10mL冷水，然后用10%氨水中和，使反应混合物对石蕊试纸恰呈碱性，注意切勿使氨水过量。每30mL该溶液中加入1mL冰醋酸，充分振摇后立即置于冰浴中骤冷以引发结晶，必要时需用玻璃棒摩擦瓶壁或放入晶种引发结晶。最后抽滤，干燥，测熔点并计算产率。纯品对氨基苯甲酸的熔点为186～187℃。

（四）对氨基苯甲酸乙酯的制备

在50mL圆底烧瓶中加入1g对氨基苯甲酸和12.5mL无水乙醇，悬摇烧瓶使大部分固体溶解。随后将烧瓶置于冰水浴中冷却，加入1mL浓硫酸，装上回流冷凝管，置于水浴中回流1h。再将反应混合物转入烧瓶中，冷却后分批加入10%碳酸钠溶液中和至无明显气体放出。将混合液的pH调至9，用20mL乙醚萃取两次，再合并乙醚层，用无水硫酸镁干燥，水浴蒸去乙醚和大部分乙醇，至残余油状物约1mL。最后向残余液中加入乙醇和水的混合液，结晶，抽滤，干燥并测熔点。纯品对氨基苯甲酸乙酯的熔点为91～92℃。

（五）结构确认

(1)红外光谱法和标准物HPLC对照法。

(2)核磁共振光谱法。

五、工艺控制点

1. 对甲基乙酰苯胺的合成

加入乙酸酐后，应立即加入预先制备好的醋酸钠溶液，否则会使乙酸酐在较强酸性环境下水解为乙酸，使反应不能正常进行，产率很低甚至失败。

2. 对乙酰氨基苯甲酸的制备

此步高锰酸钾的量应根据上步产品的量适当加入，不能一概加入 7.9g，反应后应以紫红色为宜，加入过少或过多都将影响产品的产率和质量。

3. 对氨基苯甲酸的制备

切勿使氨水过量，若调节 pH 为 6.5 时，仍然没有晶体立即析出，应用冰浴骤冷或摩擦瓶壁或放入晶种引发结晶。切勿反复调试酸碱性。

4. 对氨基苯甲酸乙酯的制备

用浓硫酸做催化剂受方法限制，产率较低，有文献报道用四氯化锡做催化剂产率可达 67%。

六、注意事项

(1)对氨基苯甲酸是两性物质，碱化或酸化时都需小心控制酸或碱的用量，特别在滴加冰醋酸时，须小心缓慢滴加。

(2)做薄层色谱实验时要调整好展开剂的比例。

(3)酯化反应中，仪器需干燥。

(4)酯化反应结束时，反应液要趁热倒出，冷却后可能有苯佐卡因硫酸盐析出。

【思考题】

(1)对甲苯胺用乙酸酐酰化反应中加入醋酸钠的目的何在?

(2)对甲基乙酰苯胺用高锰酸钾氧化时，为何加入硫酸镁结晶?

(3)在氧化步骤中，如果滤液有颜色，通常需加入少量乙醇煮沸，此步发生了什么反应?

(4)在最后水解步骤中，可否用氢氧化钠代替氨水中和? 中和后加入冰醋酸的目的何在?

(5)本实验中加入浓硫酸的量远多于理论值，为什么? 加入浓硫酸时产生的沉淀是什么物质?

(6)酯化反应结束后，为什么要用碳酸钠溶液而不是氢氧化钠溶液进行中和? 为什么不中和至 pH 为 7 而要使 pH 为 9 左右?

第三节 设计性实验

实验十五 苦杏仁酸的合成工艺路线设计

一、实验目的

(1)掌握文献资料的查阅和整理，提高使用相关工具书的能力。
(2)熟悉化学药物合成的新方法和新工艺。
(3)培养学生在文献检索与应用及化学制药工艺方面的基本素质和能力。

二、实验要求

(一)文献检索(第一阶段)——课外完成

查阅苦杏仁酸的理化性质、主要用途和各种制备方法以及涉及的原料和中间产物的文献资料。常见的检索工具或检索途径如下：

1. 基本物性参数和基本文献

(1)网上免费数据库：http：//chemfinder. cambridgesoft. com/。
(2)有机物光谱数据库(Spectral Database for Organic Compounds)：http：//www. aist. go. jp/RIODB/SDBS/cgi-bin/cre _ index. cgi

2. 中文期刊(全文)数据库(含简单检索工具)

(1)维普中文期刊数据库。
(2)清华同方(CNKI)中文期刊全文数据库。

3. 专利文献数据库(含简单专利检索工具)

(1)中文专利数据库：http：//www. sipo. gov. cn/sipo/zljs/default. htm
(2)欧洲专利局专利文献库：http：//ep. espacenet. com/
(3)Download U. S. patents(in PDF)：(http：//www. pat2pdf. org/)(A FREE patent search tool)

4. 手工检索途径

(1)美国化学文摘(*chemical abstracts*)。
(2)中国化学化工文摘。

文献检索要求：①检索到的大部分相关文献要求做文摘记录；②部分具有重要参考价值的文献要求阅读原文全文并做摘要。以上文摘记录和原文阅读摘要是撰写文献报告的基础材料。

(二)文献总结并提出初步的实验方案(第二阶段)——与指导教师讨论定稿

(1)撰写文献报告(或文献综述)：文献报告要对苦杏仁酸的理化性质及主要用途作一个概括性的介绍，主要对查得的关于苦杏仁酸合成(或制备)的相关文献方法进行分析、比较和评价。要求2000字以上，并直引参考文献。

(2)设计或优选适当的制备方法，并制定详细可行的制备方案。本实验属设计性实验，按给定实验目的、要求和实验条件，由实验者自己设计实验方案并加以实现。

(三)实验方案讨论及实施(第三阶段)——采购及完成实验

向实验指导教师递交文献分析报告及初步实验操作方案，与指导教师讨论并确定选择的制备方法(或自己设计的合成方法)，进一步完善具体的实验操作步骤及注意事项，然后认真实施实验方案并完成制备0.5～1g苦杏仁酸，测熔点、红外及氢谱等图谱。

注意：与指导教师讨论选定实验方案时，需要关注相关试剂的采办及仪器设备的许可等条件，必须是经综合评价为切实可行的方案。

(四)实验结果的总结与提交(第四阶段)

(1)文献总结及检索记录。

(2)实验方案。

(3)实验记录。

(4)产品鉴定(结构鉴定和含量鉴定)。

(5)实验总结报告。

撰写实验报告，并对自己的制备实验过程及结果进行全面的总结评价。

实验十六　微波辐射技术制备香豆素-3-羧酸乙酯的创新设计

一、实验目的

(1)掌握Knovengel反应的基本原理和操作方法。

(2)熟悉微波辐射合成技术、回流和重结晶的操作。

(3)本实验在微波辐射作用下，采用水杨醛和丙二酸二乙酯反应，考察无溶剂或添加少量溶剂对香豆素-3-羧酸乙酯收率的影响。

二、实验原理

凡具活性亚甲基的化合物(例如，丙二酸酯、β-酮酸酯、氰乙酸酯和硝基乙酸酯等)

在氨、胺或其羧酸盐的催化下，能与醛和酮发生醛醇型缩合，脱水而得 α，β-不饱和化合物，该类反应称为 Knovengel 反应。

将参与实验的同学分组并安排查阅文献，选择微波辐射技术方法合成香豆素-3-羧酸乙酯(如图 3-18 所示)，确定收率，熔点，产品纯度以及三废污染情况的差异，最终得出最佳合成工艺条件。

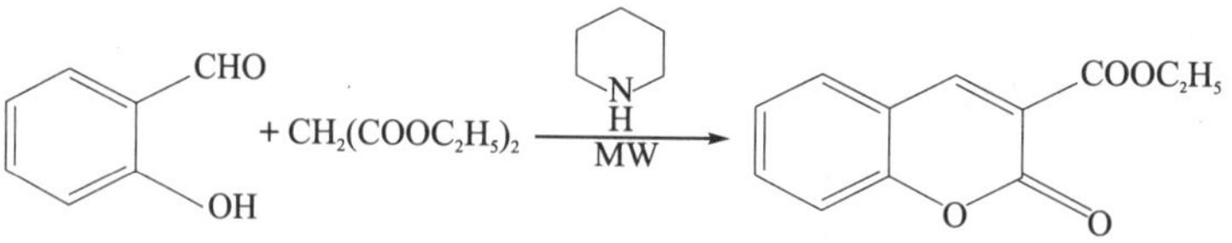

CHO OH + $CH_2(COOC_2H_5)_2$ →(N H, MW) $COOC_2H_5$ O O

图 3-18 香豆素-3-羧酸乙酯的微波辐射合成路线

三、实验材料

(一)仪器

微波反应器，圆底烧瓶，干燥管，锥形瓶，球形冷凝管，恒温磁力搅拌器，布氏漏斗和抽滤瓶。

(二)材料

水杨醛(5g，0.014mol)，丙二酸二乙酯(6.8mL，0.045mol)，六氢吡啶(0.5mL)，无水乙醇(25mL)，冰醋酸，95%乙醇(适量)，氢氧化钠，盐酸和无水氯化钙等。

四、实验步骤

(1)在圆底烧瓶中加入水杨醛(5g，0.014mol)、丙二酸二乙酯(6.8mL，0.045mol)、无水乙醇(或不加)、0.5mL 六氢吡啶和 2 滴冰醋酸。

(2)充分摇匀后将圆底烧瓶置于微波反应器中，装上回流冷凝管，用 480W 微波辐射 3～8min。

(3)反应结束后，将生成物转移到烧杯中并加水 30mL，再置于冰水浴中冷却。

(4)待析晶完全后，过滤，滤饼用 2～3mL 50%冷乙醇洗涤 2～3 次，粗产品用 25%乙醇重结晶。

(5)然后进行干燥，称重，测熔点并计算收率（表 3-3)。

(6)记录实验条件、过程、现象及结果，并对实验数据进行分析与讨论。

表 3-3 香豆素-3-羧酸乙酯的反应条件，反应时间及收率对比

合成方法	是否添加无水乙醇	反应时间	收率
微波辐射法	是	3～8min	
微波辐射法	否	3～8min	

【思考题】

(1)试写出利用 Konvengel 反应制备香豆素-3-羧酸的反应机理。

(2)反应中加入冰醋酸的目的是什么?

实验十七　正交设计法优选苯妥英的合成工艺

一、实验目的

(1)掌握安息香缩合反应的基本原理和操作方法。

(2)熟悉乙内酰脲环合原理和操作。

(3)了解苯妥英合成的基本路线及工艺路线的优化方法。

二、实验原理

苯妥英通常用苯甲醛为原料，经安息香缩合生成二苯乙醇酮，随后氧化为二苯乙二酮，再在碱性醇液中与脲缩合、重排制得，其合成路线如下：

CHO　—VitB1, NaOH→　O OH C—C H　—HNO_3→

O O C—C　—H_2N O NH_2, $NaOH,C_2H_5OH$→　H N ONa N O

—HCl, pH4~5→　H N O NH O　—NaOH, pH11~12→　H N ONa N O

本实验需要完成二苯乙醇酮和二苯乙二酮的制备，最佳氧化剂的选择以及苯妥英钠的制备，再采用正交设计法优选苯妥英的最佳合成工艺。

三、实验材料

(一)仪器

圆底烧瓶(100mL 和 250mL)，三颈烧瓶，球形冷凝管，布氏漏斗，抽滤瓶，循环水真空泵，导气管，锥形瓶，电动搅拌器，油浴锅，水浴锅，加热套管，调压器，鼓风干燥箱和熔点仪。

(二)材料

苯甲醛，VitB1 盐酸盐，95％乙醇，无水乙醇，65％～68％硝酸，尿素，盐酸，氢氧化钠，$FeCl_3 \cdot 6H_2O$，冰醋酸，亚硝酸钠，乙酸酐，乙酸铜（$Cu(OAc)_2 \cdot H_2O$），硝酸铵和活性炭。

四、实验步骤

(一)安息香缩合*

安息香缩合实验装置如图 3-19 所示。在 200mL 圆底烧瓶中加入 3.6g VitB1 盐酸盐、12mL 蒸馏水和 30mL 95％乙醇，塞住瓶口并不时摇动，待 VitB1 盐酸盐溶解后，放入冰水浴中冷却。10min 后将 10mL 2mol/L 氢氧化钠溶液加入到圆底烧瓶中，充分摇匀后立即加入 20mL 苯甲醛并混合均匀。随后在圆底烧瓶中加搅拌子，上方加冷凝管，再放入水浴中搅拌并加热回流，水浴温度控制在 60～75℃，回流 1h 后加热到 80～90℃再回流 1h。最后，反应液为橘红色均相溶液，冷却反应物至室温，抽滤得浅黄色晶体，冷水洗涤晶体，抽干得粗品供下步使用。

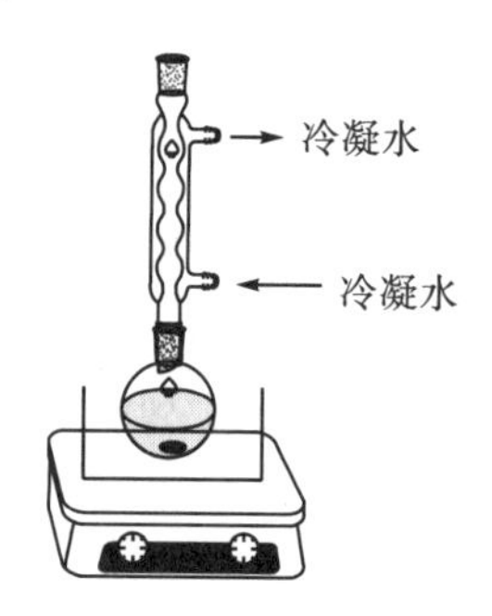

图 3-19　安息香缩合实验装置图

(二)二苯乙二酮的制备及氧化剂的选择

二苯乙二酮的制备装置如图 3-20 所示，其合成路线如下：

$$C_6H_5-C(=O)-CH(OH)-C_6H_5 \xrightarrow{X} C_6H_5-C(=O)-C(=O)-C_6H_5$$

$X=HNO_3;FeCl_3.6H_2O;NaNO_2/(CH_3CO)_2O;Cu(OAc)_2 \cdot H_2O/NH_4NO_3/AcOH$

将参与实验的同学分组并安排查阅文献，设计不同的氧化方法来合成二苯乙二酮。比较各氧化方法之间的收率、熔点、产品纯度以及三废污染情况的差异，最终得出最佳

* 通常将生成的二苯乙醇酮称为安息香，所以该类反应也称为安息香缩合反应。早些年此反应的催化剂是氰化钾或氰化钠，但氰化物是剧毒物质，如果使用不当会带来危险。本实验使用维生素 B1 作催化剂，其特点在于原料易得、无毒、反应条件温和，而且产率也比较高。

合成工艺条件。

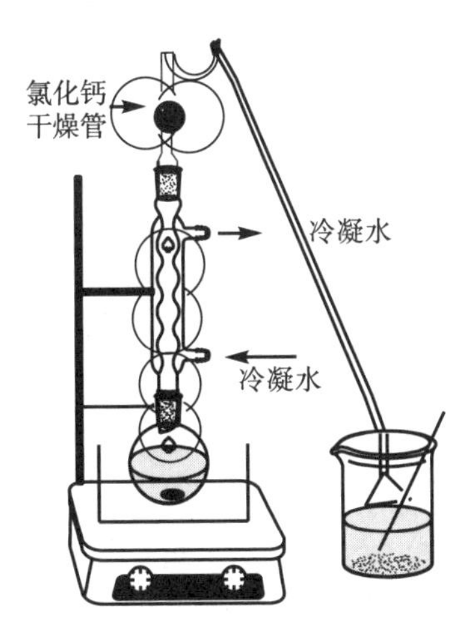

图3-20　二苯乙二酮的制备装置图

1. 浓硝酸为氧化剂的合成

取8.5g粗制的安息香置于50mL或100mL圆底烧瓶中，向烧瓶中加入10mL浓硝酸，然后安装回流冷凝器以及气体吸收装置，并在沸水浴中加热。如果反应器太小，搅拌子不能正常搅拌，需加入沸石并随时振摇，直至二氧化氮气体完全逸出(需约2h)。趁热倾出反应物至盛有200mL冷水的烧瓶中，不断搅拌直至油状物结晶成为黄色固体，抽滤并用水充分洗去硝酸(可用pH试纸测量判断)，干燥得二苯乙二酮，测其熔点为89～92℃(纯二苯乙二酮的熔点为95℃)。

2. $FeCl_3 \cdot 6H_2O$ 为氧化剂的合成

在装有球形冷凝器的250mL圆底烧瓶中，依次加入14g $FeCl_3 \cdot 6H_2O$、15mL冰醋酸、6mL水及一粒沸石，随后将烧瓶放在石棉网上直火加热并沸腾5min。溶液稍微冷却后，加入2.5g安息香及一粒沸石，加热回流50min。待反应液稍微冷却后，加50mL水及一粒沸石，再次加热至沸腾。最后将反应液倾入250mL烧杯中，搅拌并放置冷却，析出黄色固体后抽滤。结晶用少量水洗涤并干燥，得粗品，测其熔点，计算收率。

3. $NaNO_2/(CH_3CO)_2O$ 为氧化体系的合成

在250mL圆底烧瓶中加入10.6g安息香、10.8g亚硝酸钠及30g乙酸酐，置于冰水浴中搅拌并反应30min，然后加200mL水溶解未反应的亚硝酸钠，抽滤，水洗至中性，干燥，得二苯乙二酮，测熔点并计算收率。

4. $Cu(OAc)_2 \cdot H_2O/NH_4NO_3/AcOH$ 为氧化体系的合成

向反应瓶中加入 $Cu(OAc)_2 \cdot H_2O$(0.14g，7mmol)、硝酸铵(6g，76mmol)、安息香(12.8g，60mmol)和80%乙酸溶液(45mL)，在搅拌下回流反应1.5h，然后冷却并抽滤，得黄色针状结晶，向母液中加入4mL 95%乙醇可再得部分晶体。合并结晶，用无水乙醇重结晶，干燥得二苯乙二酮纯品，测熔点并计算收率。

(三)正交设计法优选苯妥英合成工艺

1. 实验思路

正交设计法是优化合成工艺常用的方法之一，该法是基于数理统计原理来科学合理的安排实验，并按一定规律分析处理实验结果，从而能够较快地找到工艺的最佳条件，且具有可判断诸多因素中何种影响因素是主要因素，以及判断影响因素之间的相互影响情况等优点。

本实验采用正交设计法对苯妥英合成最后一步(即二苯乙二酮与尿素缩合)进行工艺优选，选取三个因素进行实验，即尿素加入量(A)，碱(NaOH)浓度(B)和反应时间(C)，并确定它们的实验水平(A：1g 和 2g；B：10%和 15%；C：60min 和 80min)。实验目的主要是考察因子 A、B 和 C 对苯妥英的收率有什么影响，确定最佳工艺条件，并进一步了解杂环的合成方法。

2. 操作步骤

将 8g 二苯乙二酮(联苯甲酰)和尿素(1g 或 2g)置于 250mL 圆底烧瓶中，加入 25mL 氢氧化钠溶液(浓度为 10%或 15%)和 40mL 95%乙醇，回流一定时间(60min 或 80min)后倾入 300mL 冷水中。放置 30min 待沉淀完全，滤除黄色的二苯乙炔二脲(副产物)沉淀，滤液用 15%盐酸酸化至沉淀完全析出，抽滤得白色苯妥英。如果产品颜色较深，应重溶于碱液，并加活性炭煮沸 10min，冷却后再酸化得白色针状结晶。最后干燥、称重结晶，测其熔点为 295～298℃，并计算产率。苯妥英的合成路线如下：

O O; C—C; H_2N NH$_2$ (O); $NaOH,C_2H_5OH$; H N ONa; N; O; HCl; pH4~5; H N O; NH; O

3. 实验结果记录

将实验数据记录在表 3-4 中，对实验结果进行极差分析和方差分析，确定最佳工艺，并解释原因。

表 3-4 $L_8(2^7)$正交实验方案及结果表

实验号	操作组号	尿素(A)/g	碱浓度(B)/%	时间(C)/min	收率/%
1		3	10	60	
2		3	10	80	
3		3	15	60	
4		3	15	80	
5		6	10	60	

续表

实验号	操作组号	尿素(A)/g	碱浓度(B)/%	时间(C)/min	收率/%
6		6	10	80	
7		6	15	60	
8		6	15	80	
K_1	—				—
K_2	—				—
R	—				—

(四)苯妥英钠的制备

将苯妥英混悬于 4 倍体积的水中，并且水浴温热至 40℃，在搅拌下滴加 20%氢氧化钠溶液至苯妥英全溶；加入少许活性炭，再加热 5min；趁热抽滤后放置冷却，析出结晶(如滤液没有析出结晶，可加氯化钠至饱和)；再次抽滤，并用少量冰水洗涤，干燥即得苯妥英钠，称重并计算收率。

五、注意事项

(1)苯甲醛极易氧化，长期放置会有苯甲酸析出，本实验苯甲醛中不能含苯甲酸，因此使用前需蒸馏。

(2)副产物二苯乙炔二脲的结构式如下：

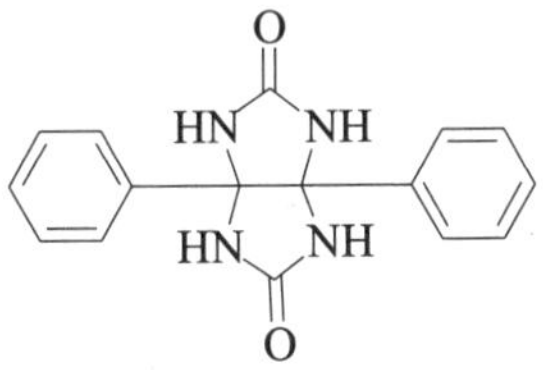

(3)硝酸氧化时有大量二氧化氮气体逸出，必须用导管导入氢氧化钠溶液中吸收。

【思考题】

(1)安息香缩合反应的反应液为什么自始至终要保持碱性?

(2)形成乙内酰脲时，产生的副产物是什么?

(3)苯妥英能溶于氢氧化钠溶液中的原因是什么?

实验十八　苯佐卡因的中试放大研究

一、实验目的

(1)考核小试提供的合成工艺路线在工艺条件、设备和原材料等方面是否有特殊要求，是否适合于工业生产。

(2)验证小试提供的合成工艺路线是否成熟、合理，主要经济技术指标是否接近生产要求。

(3)在放大中试研究过程中，进一步考核和完善工艺路线，对每一反应步骤和单元操作，均应取得基本稳定的数据。

(4)根据中试研究的结果制订或修订中间体和成品的质量标准，以及分析鉴定方法。

(5)制备中间体及成品的批次一般不少于三批，以便积累数据，完善中试生产资料。

(6)根据原材料、动力消耗和工时等，初步进行经济技术指标的核算，提出生产成本。

(7)对各步物料进行步规划，提出回收套用和三废处理的措施。

(8)提出整个合成路线的工艺流程，各个单元操作的工艺规程，安全操作要求及制度。

(9)中试生产的原料药供临床使用，属于人用药物。中试生产的一切活动要符合《药品生产质量管理规范》(GMP)，产品的质量和纯度要达到药用标准。

二、实验原理

苯佐卡因的化学名为对氨基苯甲酸乙酯，属于局部麻醉药。局部麻醉作用较普鲁卡因弱，外用则可被缓慢吸收，且作用持久。苯佐卡因主要作用于皮肤和黏膜的神经组织，阻断神经冲动的传导，使各种感觉暂时丧失，即通过麻痹感觉神经末梢而产生止痛和止痒作用。苯佐卡因的合成路线如下：

$$O_2N-C_6H_4-CH_3 \xrightarrow[H_2SO_4]{(M=294)\ K_2Cr_2O_7} O_2N-C_6H_4-COOH$$

M	137.14	167.12
b. p.	238.3℃	
m. p.	51～54.5℃	242～243℃

$$O_2N-C_6H_4-COOH \xrightarrow[H_2SO_4]{EtOH} O_2N-C_6H_4-COOEt$$

M	167.12	195.17
m. p.	242～243℃	55～57℃

$$O_2N-C_6H_4-COOEt \xrightarrow[HOAc]{Fe} H_2N-C_6H_4-COOEt$$

	对硝基苯甲酸乙酯	对氨基苯甲酸乙酯
M	195.17	165.17
m. p.	55～57℃	89～91.5℃

本工艺由对硝基甲苯通过重铬酸钾氧化制备对硝基苯甲酸，经酸处理和碱处理等方法提纯对硝基苯甲酸，再通过与乙醇的酯化反应生成对硝基苯甲酸乙酯，最后在还原铁粉的存在下，还原硝基制备对氨基苯甲酸乙酯。

三、实验材料

(一)仪器

单层玻璃反应釜(50L，含冷却盘管，防爆型)，台式循环真空泵，旋转蒸发器(50L，防爆型)，加热制冷循环器(－95～200℃)，不锈钢桶(50L)，量筒，玻璃棒，电子天平，水浴锅，电炉，抽滤装置，干燥箱，熔点仪，回流冷凝装置，恒温水浴装置，温度计，表面皿，分液漏斗，毛细管，TLC 硅胶板和紫外灯。

(二)材料

1.5kg 对硝基甲苯，4.5kg 重铬酸钾，7.5L 浓硫酸，17.5L 10％氢氧化钠，15L 15％硫酸，5L 无水乙醇，95％乙醇，500mL 冰醋酸，10％硫化钠，活性炭，还原铁粉及 5％碳酸钠。

四、实验步骤

(一)氧化——对硝基苯甲酸的合成

在 50L 单层玻璃反应釜中加入 1.5kg(10.95mol)对硝基甲苯、4.5kg(15.3mol)重铬酸钾和 10L 水，控制温度不超过 60℃。剧烈搅拌后，滴加 6.25L 浓硫酸，滴加时间为 5～10min。当加入一半量的硫酸后，注意控制温度，勿使反应过分剧烈。随后控制温度为 100℃，保持反应液微沸 1h 左右，至反应液呈墨绿色再停止加热，并冷却至 50℃。另取一不锈钢桶，向其中加入 20L 冷水，将反应液和所有不溶物倾倒至不锈钢桶中(2.5～5L 水洗涤反应釜)，抽滤后尽量压碎粗产品，并用 2×5L 水洗涤。

粗制的对硝基苯甲酸为黄黑色块状(或颗粒状)物质，将其转入 50L 反应釜中，加入 7.5L 50％硫酸，搅拌煮沸 5～10min，使块状物粉碎以溶解铬盐。反应液冷却至 50℃后，向釜中加入 10L 冷水并抽滤，得到的沉淀用水洗涤数次。将沉淀溶于 12.5L 10％氢氧化钠溶液中，加入 0.25kg 活性炭并温热至 50℃，搅拌 5min 后冷却至 40℃，然后抽滤，滤渣用 2×2.5L 10％氢氧化钠溶液洗涤。将所得碱性滤液在搅拌下缓慢倾入到 15L 15％硫酸溶液中，两种溶液混合均匀后，溶液的 pH 应为 1～2。随后将溶液置于冰水浴中冷却 20min，然后抽滤，用 2×2.5L 冷水洗涤并挤压去水分，再置于 100℃烘箱中鼓风干燥

8h，称重后计算产率。此步测得对硝基苯甲酸的产率为82%～86%，熔点为238℃±2℃。纯对硝基苯甲酸为浅黄色晶体，熔点为242℃。

(二)酯化——对硝基苯甲酸乙酯的合成

在干燥的单层玻璃反应釜中加入2.5L无水乙醇，再缓慢加入750mL浓硫酸，混合均匀后加入1kg对硝基苯甲酸，并于90℃水浴中加热回流1.5h，至沉淀完全消失且瓶底有透明的油状物。反应完毕后，在剧烈搅拌下使溶液冷却，待析出结晶再后加入20L冷水，并搅动抽滤，滤饼用2×5L水洗涤，得滤液(Ⅰ)。将滤饼转入50L不锈钢桶中并加入5L水浸泡，然后在充分搅拌下加入适量的5%碳酸钠溶液(记下体积)，将溶液pH调节至8左右，以溶去未酯化的对硝基苯甲酸，抽滤得滤液(Ⅱ)。合并滤液(Ⅰ)和(Ⅱ)，冷却后回收未反应的对硝基苯甲酸。将滤饼水洗至中性，然后置于干燥器中干燥过夜，再称重并计算产率。纯品对硝基苯甲酸乙酯的熔点为56℃±2℃。

(三)还原——苯佐卡因的合成

将1.8kg还原铁粉、6L水和250mL冰醋酸依次加入至单层玻璃反应釜中，并置于80℃水浴中搅拌15min，然后缓慢加入1kg对硝基苯甲酸乙酯，再搅拌反应2h。反应液冷却至40℃后抽滤，滤渣水洗至中性。将滤渣和滤纸一并转回50L反应釜中，加入500g活性炭后，用95%乙醇分三次(12.5L一次，7.5L一次及5L一次)提取反应物中的产品，每次于70℃水浴上搅拌加热5min，再趁热抽滤，且滤渣和滤纸仍转回反应釜中。将三次滤液合并并观察颜色，若滤液黄色较深，还须加活性炭再脱色处理一次。随后向滤液中加入12.5mL 10%硫化钠溶液以检查有无铁离子，若有，则继续添加硫化钠溶液至不再产生黑色沉淀为止(此时需过滤)。过滤后将滤液转至圆底烧瓶中并加入沸石，蒸馏回收乙醇，当溶液浓缩至5L左右则停止加热，放置冷却。析出结晶后加入15L水并抽滤，晶体用水洗涤两次，再用2L 60%稀乙醇洗涤一次，得到白色结晶。将白色结晶转入小锥形瓶中，用60%稀乙醇重结晶(结晶与稀乙醇质量比约为1∶5)。抽滤后用60℃烘箱鼓风干燥，称重并计算产率。本品所测熔点为89～91.5℃。

五、注意事项

(1)实验中需使用过量的硫酸，因为反应速率随着硫酸浓度和用量的增加而增加，这样可极大的缩短反应时间。此实验的氧化剂与原料的摩尔比接近1∶1。

(2)回流温度太高会使对硝基甲苯升华并凝固于冷凝管内壁，因而得不到充分氧化，这样会导致氧化产率下降。此时可降低回流再加热温度或关掉冷凝水，使升华的对硝基甲苯熔化并流回至反应烧瓶中。回流加热的温度以冷凝管内壁的对硝基甲苯白色固体不超过底部两个凹球壁为宜。

(3)氧化反应中除去未作用的对硝基甲苯和铬盐杂质时，铬盐是以氢氧化铬的形式而被除去，因氢氧化铬沉淀易形成胶体，所以此步抽滤速度需缓慢。此外，为避免未作用的对硝基甲苯以液态形式再次溶于碱性溶液中，此步抽滤不能趁热，应将脱色后的热溶液冷却至40℃及以下再抽滤。

(4)硫酸不能反加至滤液中，否则生成的沉淀包含滤液，会影响产物的纯度。

(5)用水、酒精、苯或冰醋酸重结晶，对硝基苯甲酸的熔点可达 242.4℃±1℃。

(6)若沉淀长期不消失，说明容器不够干燥，酯化反应较慢，此时可酌情补加适量硫酸和无水乙醇继续回流。注意乙醇补加量不能太大，否则会影响后续产品的分离产率。补加完乙醇待反应完毕后，加水量要适当增加。

(7)合成苯佐卡因时，先加热 15min 的目的是使铁粉活化，同时生成醋酸亚铁催化剂。另外，铁粉太重，容易沉积在釜底，需剧烈搅拌才能保证反应完全。而对硝基苯甲酸乙酯加入时，反应放热，如加料太快会导致冲料。

(8)铁还原反应过程中，滤液不能混入大量水，否则将降低产率。

【思考题】

(1)氧化反应完成后，酸处理和碱处理的目的何在？中间发生了哪些化学反应？

(2)在碱处理抽滤后的对硝基苯甲酸溶液中，再次加酸酸化处理时，溶液温度的高、低对产品的质量和产率有何影响？

(3)在酯化反应的后处理中，所得的滤液（Ⅰ）和滤液（Ⅱ）中各含有什么物质？若将两种滤液混合，可能发生何种化学反应？有何现象？

(4)在酯化反应后处理中，最后一步抽滤时，产品若未洗至中性，对质量有何影响？

(5)抽滤洗涤后的酯化产品能否用热干燥法干燥？

(6)将硝基还原成氨基的还原反应中能否用盐酸代替冰醋酸？对苯佐卡因产率有无影响？如何完善其后续处理？

(7)如果将热的重结晶溶液迅速冷却对产品质量有何影响？

实验十九　盐酸吗啉胍的中试放大研究

一、实验目的

1. 掌握盐酸吗啉胍的制备方法。
2. 掌握盐酸吗啉胍的中试放大技术。

二、实验原理

本实验的反应路线如下：

HN(吗啉环)O + H_2N—C(=NH)—NH—CN + HCl ⟶ O(吗啉环)N—C(=NH)—NH—C(=NH)—NH • HCl

三、实验材料

(一)仪器

50L反应罐，真空泵，冷凝器，脱色罐，压滤罐，结晶罐和离心机。

(二)材料

吗啉，浓盐酸，二甲苯，双氰胺，乙醇和活性炭。

四、实验步骤

(1)打开真空泵并开启反应罐真空阀，将5.7kg吗啉抽入50L反应罐中，然后关闭真空阀，开启搅拌和反应罐夹层冷凝水。

(2)将9.8kg浓盐酸置于塑料桶内，用带胶塞细管与反应罐进料口连接，开启真空阀，并适当调节流速使反应温度低于40℃。加料完毕后关真空阀和夹层冷凝水，撤掉与罐相连的细管。

(3)开启真空阀，将17.2kg二甲苯抽入反应罐中。关闭真空阀并继续搅拌，再开启冷凝器循环水和夹层蒸汽，回流分水约6L。随后关闭蒸汽，等待自然冷却20min，再开启夹层冷凝水冷却至30℃，最后关闭冷凝器循环水并停止搅拌。

(4)开启真空阀，将5.6kg双氰胺吸入反应罐后开动搅拌，并开启蒸汽和冷凝器循环器水，控制反应温度为120～130℃，反应时间为2h。随后关闭蒸汽，自然冷却至60℃，再关闭循环水，关闭搅拌。

(5)从上层抽出二甲苯，开启真空阀，再抽入18kg水，关真空阀。开启蒸汽后，视情况开启搅拌。将多余二甲苯蒸出，关闭蒸汽，再补加适量水，冷却至30℃，从罐底放出物料。

(6)将物料转移至脱色罐中，加入2kg活性炭，开启蒸汽回流15min，然后关闭蒸汽，开启压缩空气阀，将物料压入压滤罐，待全部转移后关闭压缩空气阀。

(7)开启压滤罐出液口阀，再打开压滤罐上的压缩空气阀，将滤液压入到结晶罐内，最后再关闭出液口阀和压缩空气阀。

(8)依次开启结晶罐蒸气阀、真空阀和冷凝器循环水，然后减压蒸馏至蒸干，再依次关闭蒸汽、真空阀和循环水。

(9)打开结晶罐真空阀，将32kg乙醇抽入到结晶罐后再关闭。开启蒸汽阀回热溶解后，关闭蒸汽，自然冷却等待析出晶体。最后从结晶罐底部放出物料，用离心机离心，得成品。

五、工艺控制点

(1)加入双氰胺前回流分水时，应注意控制分水量。

(2)反应罐加入双氰胺反应时要注意控制蒸汽阀门。

六、注意事项

(1)压滤时注意打开出液口阀门。
(2)向吗啉中加入浓盐酸时注意控制加入速度。
(3)反应后夹层通蒸汽蒸除二甲苯。

【思考题】

(1)向吗啉中加入浓盐酸时为什么要控制加入速度?
(2)为什么加入双氰胺前要回流分水?

参考文献

[1]罗一鸣，唐瑞仁，王微宏，等. 有机化学实验与指导. 长沙：中南大学出版社，2012：6-11，112-120.

[2]Dresden. Organikum. 实用有机化学手册. 李述文，范如霖译. 上海：上海科学技术出版社，1981：55-65.

[3]宋航，承强，樊君. 制药工程专业实验(第二版). 北京：化学工业出版社，2010：5-9.

[4]赵英福，刘凤华，李进京，等. 药物合成反应实验. 北京：中国医药科技出版社，2013：32-34.

[5]董芹，臧恒昌，刘爱华，等. 过程分析技术在制药领域的应用及对我国制药行业的启示. 中国药学杂志，2010，45(12)：881-884.

[6]Zou X，Zhou Y P，Yang S T. Production of polymalic acid and malic acid by *Aureobasidium pullulans* fermentation and acid hydrolysis. Biotechnology and Bioengineering，2013，110(8)：2105-2113.

[7]Zou X，Wang Y K，Tu G W，et al. Adaptation and transcriptome analysis of *Aureobasidium pullulans* in corncob hydrolysate for increased inhibitor tolerance to malic acid production. Plos one，2015，10(3)：1012-1416.

[8]李进，邹祥. 高速逆流色谱法快速分离制备雷帕霉素工艺研究. 中国抗生素杂志，2012，37(10)：752-756.

[9]国家药典委员会. 中华人民共和国药典(2010 版). 北京：中国医药科技出版社，2010. 附录 40-41.

[10]Sole M，Rius N，Francia A，Loren J G. The effect of pH on prodigiosin production by non-proliferating cells of *Serratia marcescen*. Letters in applied microbiology，1994，19：341-344.

[11] Jungdon B，Hyunsoo M，Kyeong-Keun O. A novel bioreactor with an internal adsorbent for integrated fermentation and recovery of prodigiosin-like pigment *produced* from *Serratia* sp. KH-95. Biotechnology letters，2001，23：1315-1319.

[12] Giri A V，Anandkumar N，Mutllukummn G A. Novel medium for the enhanced cell growth and prodigiosin from *Serratia marcescens* isolated from soils. BMC microbiology，2004，(4)：1-10.

[13] 郭茸恺，王泽建，庄英萍，等. 葡萄糖酸钠发酵中底物－产物作用对氧传递的影响及发酵过程优化. 安徽农业科学，2012，40(22)：11151-11153.

[14]冯文红，周生民，赵伟，等. 发酵法生产葡萄糖酸钠过程中参数检测. 生物加工过程，2014，(4)：20-23.

[15]李艳，肖凯军，郭祀远，等. 葡萄糖酸钠检测方法研究. 中国食品添加剂，2006，(4)：164-167.

[16]王影，李春宏，姜玲. 青蒿素提取工艺研究进展. 广州化工，2015，43(9)：21-23.

[17]於燕孫. 水杨酰苯胺的合成. 中国药学杂志，1958，10：471-473.

[18]黄少云，王福来. 丙二酸亚异丙酯的单取代 Mannich 反应. 化学试剂，2002，24(5)：287-289.

[19]国家药典委员会. 中华人民共和国药典（2005 版）. 北京：化学工业出版社，2005：283-284.

[20]宋粉云，傅强. 药物分析. 北京：科学出版社，2010：105-107.

[21]天津大学，等. 制药工程专业实验指导. 北京：化学工业出版社，2005：28-30，49-51.

[22]陈勇. 消炎镇痛药联苯乙酸的合成新工艺. 合成化学，2001，9(1)：89-91.

[23]李光华，胡绍渝. 非甾体抗炎新药联苯乙酸的合成. 中国医药工业杂志，1991，22(6)：250-251.

[24]关烨第，李翠娟，葛树丰. 有机化学实验. 北京：北京大学出版社，2007，218-219.

[25]王福来. 有机化学实验. 武汉：武汉大学出版社，2001，243-244.

[26]储政. 高纯度对硝基苯胺制备工艺研究. 现代化工. 2002，32(3)：33-36.

[27]江秀清，林海昕，林敏. 微波辐射相转移催化法合成苯甲酸. 厦门大学学报(自然科学版)，2008，47(2)：198-199.

[28]林强，张大力，张元，等. 制药工程专业基础实验. 北京：化学工业出版社，2011：8-10.

[29]王世范. 药物合成实验. 北京：中国医药科技出版社，2007：98-100.

[30]严琳. 药物化学实验. 郑州：郑州大学出版社，2008：83-85.

[31]方渡. 有机化学实验. 北京：学苑出版社，2003：66-67.

[32]孙铁民. 药物化学实验. 北京：中国医药科技出版社，2008：32-35.
[33]刘小玲，彭梦侠. 多步骤有机合成实验教学研究——苯佐卡因的合成. 实验科学与技术，2010，08(4)：12-15.
[34]于丽颖. 苯佐卡因的合成. 广州化工，2012，40(24)：112-113.